Britta Burkhardt

Alternaria-Toxine: Resorption, Metabolismus und Mutagenität

AF128413

Britta Burkhardt

Alternaria-Toxine: Resorption, Metabolismus und Mutagenität

Untersuchungen in vitro

Südwestdeutscher Verlag für Hochschulschriften

Impressum/Imprint (nur für Deutschland/only for Germany)
Bibliografische Information der Deutschen Nationalbibliothek: Die Deutsche Nationalbibliothek verzeichnet diese Publikation in der Deutschen Nationalbibliografie; detaillierte bibliografische Daten sind im Internet über http://dnb.d-nb.de abrufbar.
Alle in diesem Buch genannten Marken und Produktnamen unterliegen warenzeichen-, marken- oder patentrechtlichem Schutz bzw. sind Warenzeichen oder eingetragene Warenzeichen der jeweiligen Inhaber. Die Wiedergabe von Marken, Produktnamen, Gebrauchsnamen, Handelsnamen, Warenbezeichnungen u.s.w. in diesem Werk berechtigt auch ohne besondere Kennzeichnung nicht zu der Annahme, dass solche Namen im Sinne der Warenzeichen- und Markenschutzgesetzgebung als frei zu betrachten wären und daher von jedermann benutzt werden dürften.

Coverbild: www.ingimage.com

Verlag: Südwestdeutscher Verlag für Hochschulschriften GmbH & Co. KG
Heinrich-Böcking-Str. 6-8, 66121 Saarbrücken, Deutschland
Telefon +49 681 37 20 271-1, Telefax +49 681 37 20 271-0
Email: info@svh-verlag.de

Zugl.: Karlsruhe, KIT, Diss., 2011

Herstellung in Deutschland:
Schaltungsdienst Lange o.H.G., Berlin
Books on Demand GmbH, Norderstedt
Reha GmbH, Saarbrücken
Amazon Distribution GmbH, Leipzig
ISBN: 978-3-8381-3124-5

Imprint (only for USA, GB)
Bibliographic information published by the Deutsche Nationalbibliothek: The Deutsche Nationalbibliothek lists this publication in the Deutsche Nationalbibliografie; detailed bibliographic data are available in the Internet at http://dnb.d-nb.de.
Any brand names and product names mentioned in this book are subject to trademark, brand or patent protection and are trademarks or registered trademarks of their respective holders. The use of brand names, product names, common names, trade names, product descriptions etc. even without a particular marking in this works is in no way to be construed to mean that such names may be regarded as unrestricted in respect of trademark and brand protection legislation and could thus be used by anyone.

Cover image: www.ingimage.com

Publisher: Südwestdeutscher Verlag für Hochschulschriften GmbH & Co. KG
Heinrich-Böcking-Str. 6-8, 66121 Saarbrücken, Germany
Phone +49 681 37 20 271-1, Fax +49 681 37 20 271-0
Email: info@svh-verlag.de

Printed in the U.S.A.
Printed in the U.K. by (see last page)
ISBN: 978-3-8381-3124-5

Copyright © 2012 by the author and Südwestdeutscher Verlag für Hochschulschriften GmbH & Co. KG and licensors
All rights reserved. Saarbrücken 2012

Inhaltsverzeichnis

1	**Einleitung**	**1**
1.1	*Alternaria*-Toxine	1
	1.1.1 Vorkommen	1
	1.1.2 Toxikokinetik	2
	1.1.3 Toxizität	4
	1.1.3.1 Toxizität *in vitro*	4
	1.1.3.2 Toxizität in Labortieren	6
1.2	Testsysteme	8
	1.2.1 Das Caco-2 Millicell System	8
	1.2.2 Präzisionsgewebeschnitte	15
	1.2.3 Der HPRT-Genmutationstest	20
2	**Problemstellung**	**23**
3	**Ergebnis und Diskussion**	**25**
3.1	*In vitro*-Resorption von AOH und AME: Das Caco-2 Millicell System	25
	3.1.1 Generierung von Referenzsubstanzen	26
	3.1.2 Metabolismus von AOH und AME in Caco-2 Zellen	28
	3.1.3 AOH und AME im Caco-2 Millicell System	30
	3.1.4 Permeabilitätskoeffizienten von AOH und AME	35
3.2	Oxidativer Metabolismus der *Alternaria*-Toxine	37
	3.2.1 Oxidation durch humane rekombinante CYP-Enzyme	38
	3.2.1.1 Hydroxylierung von AOH und AME	39
	3.2.1.2 Hydroxylierung von ALT und isoALT	43
	3.2.2 Metabolismus in Präzisionsgewebeschnitten der Rattenleber	45
	3.2.2.1 Generierung von Referenzsubstanzen	46
	3.2.2.2 Metabolismus von AOH und AME	49
	3.2.2.3 Reaktivität der oxidativen AOH-Metaboliten	51
3.3	Resorption und Metabolismus von AOH in der Ratte *in vivo*	53
3.4	Zytotoxizität und Mutagenität von AOH, AME und ALT in V79 Zellen	57

	3.4.1	Stabilität und zelluläre Aufnahme		57
	3.4.2	Zytotoxizität und Zellproliferation		60
		3.4.2.1	Akute Zytotoxizität	60
		3.4.2.2	Proliferation bis zum Zeitpunkt der Selektion	61
		3.4.2.3	Einfluss von AOH, AME und ALT auf den Zellzyklus	62
	3.4.3	Mutagenität		66
3.5	Zytotoxizität und Mutagenität von 4-HO-AOH in V79 Zellen			69
	3.5.1	Stabilität, zelluläre Aufnahme und Metabolismus		70
	3.5.2	Zytotoxizität und Zellproliferation		71
		3.5.2.1	Akute Zytotoxizität	71
		3.5.2.2	Proliferation bis zum Zeitpunkt der Selektion	72
		3.5.2.3	Einfluss von 4-HO-AOH auf den Zellzyklus	74
	3.5.3	Mutagenität		76
3.6	Reaktion von 4-HO-AOH mit Glutathion			78

4 Zusammenfassung   **85**

5 Material und Methoden   **89**

5.1	Allgemeines			89
	5.1.1	Geräte und Verbrauchsmaterial		89
	5.1.2	Chemikalien		90
	5.1.3	Biologische Materialien und Versuchstiere		92
		5.1.3.1	Versuchstiere	92
		5.1.3.2	Zellfraktionen	92
		5.1.3.3	Permanente Zelllinien	93
	5.1.4	Puffer, Medien und Zusätze		93
5.2	Generierung von Referenzsubstanzen			96
	5.2.1	Inkubationen von Zellfraktionen		96
		5.2.1.1	Oxidative mikrosomale Umsetzung	96
		5.2.1.2	Oxidation mit humanen rekombinanten CYP	97
		5.2.1.3	Methylierung	97
		5.2.1.4	Sulfonierung	98
	5.2.2	Synthese von 4-HO-AOH		99

- 5.3 Metabolismus in Präzisionsgewebeschnitten 100
  - 5.3.1 Präparation und Inkubation von Rattenleberschnitten 100
  - 5.3.2 Konjugatspaltung und Extraktion 101
- 5.4 Resorption und Metabolismus von AOH in der Ratte *in vivo* 101
  - 5.4.1 Tierversuch 101
  - 5.4.2 Konjugatspaltung und Extraktion 102
- 5.5 GSH-Addukte von 4-HO-AOH 102
- 5.6 Allgemeine Methoden in der Zellkultur 103
  - 5.6.1 Kryokonservierung und Auftauen 103
  - 5.6.2 Passagieren 103
  - 5.6.3 Mykoplasmentest 104
  - 5.6.4 Elektronische Zellzahlbestimmung 104
- 5.7 Proteinbestimmung nach Bradford 105
- 5.8 Konzentrationsbestimmung der Toxine in Medium und Zellen 106
- 5.9 Resorption: Das Caco-2 Millicell System 108
  - 5.9.1 Ausstreuen, Differenzierung und Inkubation 108
  - 5.9.2 Integritätskontrolle 109
  - 5.9.3 Berechnung des Permeabilitätskoeffizienten 110
- 5.10 Mutagenität: Der HPRT-Test 110
- 5.11 Zellzyklusverteilung 113
- 5.12 Analytik 114
  - 5.12.1 Analytische HPLC 114
    - 5.12.1.1 HPLC-DAD 114
    - 5.12.1.2 HPLC-UV 115
    - 5.12.1.3 HPLC-DAD mit Fluoreszenz-Detektor 116
  - 5.12.2 Präparative HPLC 117
  - 5.12.3 LC-DAD-MS 118
  - 5.12.4 GC-MS 120

Literaturverzeichnis   **121**

A Ergänzende Daten   **135**
- A.1 ESI-Massenspektren 135

A.2	EI-Massenspektren	136
A.3	Mutagenität von AOH in V79h1A1 Zellen	137
A.4	Externe Kalibrierungen	143
A.5	MS-Geräteparameter	143

B Publikationsliste   **145**

Abkürzungsverzeichnis

ACN	Acetonitril
ALT	Altenuen
AME	Alternariol-9-methylether
AOH	Alternariol
ATX	Altertoxin
BP	Benzo[a]pyren
BSTFA	N,O-Bis(trimethylsilyl)trifluoracetamid
COMT	Catechol-O-Methyltransferasen
CYP	Cytochrom P450-haltige Monooxygenasen
DAD	Diodenarray-Detektor
DAPI	4',6-Diamidin-2-phenylindol
DMEM	Dulbecco´s Modified Eagle Medium
DMSO	Dimethylsulfoxid
DNA	Desoxyribonukleinsäure
EDTA	Ethylendiamintetraacetat
EI	Electron Impact
ESI	Elektrospray-Ionisation
FKS	Fetales Kälberserum
GC	Gaschromatographie
GIT	Gastrointestinaltrakt
GSH	Glutathion
GST	Glutathion-S-Transferasen
HBSS	Hank´s Buffered Salt Solution
HLM	Humane Lebermikrosomen
HO	Hydroxy
HPLC	Hochleistungsflüssigchromatographie

HPRT	Hypoxanthin-Phosphoribosyltransferase
HRP	Meerrettich-Peroxidase
IBX	2-Iodoxybenzoesäure
isoALT	Isoaltenuen
KHP	Krebs-Henseleit-Puffer
LC	Flüssigchromatographie
LDH	Lactat-Dehydrogenase
LY	Lucifer Yellow
MF	Mutantenfrequenz
MP	Methylierungsprodukt
MRP	Multidrug Resistance-Related Protein
MS	Massenspektrometrie
MTT	3-(4,5-Dimethylthiazol-2-yl)-2,5-diphenyltetrazoliumbromid
MW	Mittelwert
m/z	Masse/Ladungs-Verhältnis
NADPH	Nicotinamid-Adenin-Dinukleotid-Phosphat, reduzierte Form
NQO	4-Nitrochinolin-N-oxid
Papp	scheinbarer Permeabilitätskoeffizient
PAPS	3'-Phosphoadenosin-5'-phosphosulfat
PE	Kolonienbildungsfähigkeit (Plating Efficiency)
P-gp	P-Glycoprotein
SAM	S-Adenosyl-L-methionin
SA	Standardabweichung
SD	Sprague Dawley
STX	Stemphyltoxin
SULT	Sulfotransferasen
TeA	Tenuazonsäure
TBAP	Tetrabutylammoniumphosphat

TDP	Tyrosyl-DNA-Phosphodiesterase
6-TG	6-Thioguanin
TEER	Transepithelialer Elektrischer Widerstand
TK	Thymidin-Kinase
Tris	Tris(hydroxymethyl)aminomethan
UDPGA	Uridin-5'-diphosphoglucuronsäure
UGT	UDP-Glucuronosyltransferasen
UV	Ultraviolett

1 Einleitung

1.1 *Alternaria*-Toxine

Schimmelpilze der Gattung *Alternaria* sind ubiquitär in Europa und anderen Gegenden gemäßigten Klimas. Sie kontaminieren zahlreiche Feldfrüchte und verursachen außerdem Verluste bei der Lagerung von Obst, Gemüse und Getreide. Die bekannteste Spezies, *Alternaria alternata*, bildet eine Vielzahl von Mykotoxinen als Sekundärmetaboliten; heute sind mehr als 70 verschiedene Strukturen aufgeklärt. Da *Alternaria* auch bei niedrigen Temperaturen wachsen, können selbst gekühlte Lebensmittel kontaminiert werden und folglich Mykotoxine enthalten (Ostry, 2008). Aus diesem Grund sind in den letzten Jahren neben den wirtschaftlichen Einbußen auch die möglichen Gesundheitsgefahren für den Verbraucher in den Fokus gerückt. Bisher gibt es jedoch keine gesetzlich geregelten Höchstmengen für *Alternaria*-Toxine in Lebens- und Futtermitteln, da eine Risikobewertung auf Basis der verfügbaren Daten nicht möglich ist.

Dieses Kapitel gibt einen Überblick über das Vorkommen ausgewählter *Alternaria*-Toxine in Lebensmitteln. Außerdem wird der Stand der Forschung bezüglich der Toxikokinetik und der Toxizität mit Fokus auf die Substanzklasse der Dibenzo-α-pyrone, welche häufig in Lebensmitteln nachgewiesen werden, zusammengefasst.

1.1.1 Vorkommen

Die Überwachung von Lebensmitteln hinsichtlich der *Alternaria*-Toxine ist auf Grund des breiten Spektrums der Sekundärmetaboliten schwierig. In Abb. 1.1 sind die Strukturformeln verschiedener Verbindungen dargestellt, die unterschiedlichen Substanzklassen angehören, jedoch alle von *Alternaria* gebildet werden. Am besten untersucht sind dabei die Dibenzo-α-pyrone, zu denen Alternariol (AOH), Alternariol-9-methylether (AME) und Altenuen (ALT) zählen. Die zweite große Gruppe stellen die Perylenchinone dar. Vertreter dieser Substanzklasse sind unter anderem Altertoxin I (ATX-I) und Stemphyltoxin III (STX-III) (Abb. 1.1). Weiterhin häufig in Lebensmitteln nachgewiesen wird das Tetramsäurederivat Tenuazonsäure (TeA).

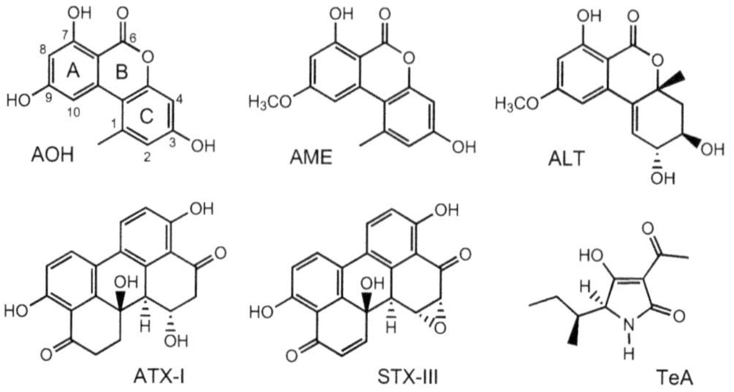

Kapitel 1. Einleitung

Abb. 1.1: Strukturformeln verschiedener *Alternaria*-Toxine.

Untersuchungen zum Vorkommen der *Alternaria*-Toxine in Lebensmitteln beschränken sich in der Regel auf AOH und AME, seltener werden auch ALT und TeA besimmt. AOH und AME wurden in Europa und Nordamerika bereits in einer Vielzahl von Obst- und Gemüsesorten, in Getreide aber auch in verarbeiteten Lebensmitteln wie Apfel- und Tomatenprodukten, Fruchtsäften und Wein nachgewiesen (Asam et al., 2011; Delgado und Gomez-Cordoves, 1998; Ostry, 2008; Scott, 2001; Solfrizzo et al., 2004). Dabei betrugen die Gehalte in der Regel weniger als 2 µg/kg. Hohe Werte wurden kürzlich in Leinsamen (104 µg/kg bzw. 30 µg/kg für AOH bzw. AME) und in Tomatenmark (25 µg/kg bzw. 5 µg/kg) nachgewiesen (Asam et al., 2011; Kralova et al., 2006). Auch ALT war mit bis zu 9 µg/kg in Leinsamen detektierbar (Kralova et al., 2006). Die Kontamination von Getreide mit AOH und AME konnte bisher vor allem in China beobachtet werden. Wettergeschädigter Weizen enthielt im Mittel 335 µg/kg AOH bzw. 443 µg/kg AME, wobei die Spitzengehalte bei 731 µg/kg bzw. 1426 µg/kg lagen (Li und Yoshizawa, 2000).

Die Analytik der *Alternaria*-Toxine erfolgt meist durch chromatographische Verfahren wie HPLC mit UV- oder Fluoreszenzdetektion oder durch LC-MS (Delgado und Gomez-Cordoves, 1998; Scott, 2001; Siegel et al., 2009; Solfrizzo et al., 2004). Neuerdings werden auch Stabilisotopenassays zur Quantifizierung von AOH angewandt (Asam et al., 2009, 2011).

1.1.2 Toxikokinetik

Der Begriff Toxikokinetik beinhaltet die Gesamtheit aller Prozesse, denen ein Toxin im Organismus unterliegt. Dazu zählen nach dem LADME-Konzept die Freisetzung (**L**iberation), die Resorption (**A**bsorption), die Verteilung (**D**istribution), der Metabolismus (**M**etabolism) sowie die Ausscheidung (**E**xcretion) (Ruiz-Garcia et al., 2008).

1.1. *Alternaria*-Toxine

Der Begriff „Freisetzung" stammt eher aus der Pharmakokinetik, trifft aber im Fall der Mykotoxine dennoch zu. Diese können von Pflanzen nach deren Invasion glycosyliert werden und somit als „maskierte" Mykotoxine in den humanen Gastrointestinaltrakt gelangen (Berthiller et al., 2009). Dort ist die Freisetzung der Aglyka durch die β-Glucosidaseaktivität der Darmflora möglich. Ob *Alternaria*-Toxine von Pflanzen glykosyliert werden, ist bislang jedoch nicht untersucht.

Zur Toxikokinetik der *Alternaria*-Toxine existieren nur wenige Daten. Eine tierexperimentelle Studie befasst sich mit der Resorption, Verteilung und Eliminierung von ^{14}C-markiertem AME in männlichen Sprague Dawley (SD)-Ratten (Pollock et al., 1982a). Nach oraler Gabe einer Einzeldosis (0,25 mmol/kg Körpergewicht) wurden innerhalb von drei Tagen > 80% der eingesetzten Substanz unverändert mit den Fäzes ausgeschieden und weniger als 10% während der ersten 24 h als polare Metaboliten renal eliminiert. In den Geweben konnten nur sehr niedrige Radioaktivitäten gemessen werden. Daraus wurde geschlussfolgert, dass die Resorption von AME nur in geringem Ausmaß erfolgt, die aufgenommene Substanz jedoch effektiv konjugiert und schnell wieder ausgeschieden wird (Pollock et al., 1982a).

In vitro-Untersuchungen zum oxidativen Metabolismus der Dibenzo-α-pyrone ergaben, dass die aromatische Hydroxylierung durch Cytochrom P450-abhängige Monooxygenasen (CYP) die vorherrschende Reaktion ist (Pfeiffer et al., 2007b, 2009a). Dabei konnte gezeigt werden, dass alle aromatisch hydroxylierten Metaboliten Catechole oder Hydrochinone darstellen, weshalb sie möglicherweise von toxikologischer Relevanz sind.

Bei der Inkubation von AOH und AME mit Rattenlebermikrosomen in Gegenwart von Nicotinamid-Adenin-Dinukleotid-Phosphat (reduzierte Form, NADPH) konnte die Hydroxylierung an den vier freien aromatischen C-Atomen (C-2, C-4, C-8 und C-10) sowie an der Methylgruppe in Position 1 beobachtet werden (vgl. Abb. 1.1). Mit Schweine- und Humanlebermikrosomen entstanden die gleichen Produkte, jedoch in etwas unterschiedlichem Verhältnis (Pfeiffer et al., 2007b).

ALT und dessen Stereoisomer Isoaltenuen (isoALT) wurden speziesunabhängig überwiegend am A-Ring und dabei fast ausschließlich an Position 8 (vgl. Abb. 1.1) hydroxyliert; auch die aliphatische Position 4 wurde oxidiert, wobei jeweils zwei Stereoisomere entstanden (Pfeiffer et al., 2009a). Analog zu AOH und AME konnte zudem die Hydroxylierung der Methylgruppe in Position 1 beobachtet werden.

Auch die Glucuronidierung als bedeutendste Phase II-Reaktion wurde für AOH und AME mittels mikrosomaler Umsetzungen unter Zugabe des Cofaktors Uridin-5'-di- phosphoglucuronsäure (UDPGA) untersucht. Dabei zeigte sich, dass beide Toxine an je zwei Positionen glucuronidiert wurden, obwohl AOH eigentlich drei freie Hydroxygruppen für die Konjugation besitzt (vgl. Abb. 1.1). Die gebildeten Glucuronide konnten als AOH-3-O-Glucuronid und AOH-9-O-Glucuronid bzw. AME-3-O-Glucuronid und AME-7-O-Glucuronid identifiziert werden (Pfeiffer et al., 2009b). Mit Rattenlebermikrosomen erfolgte die Glucuronidierung von AOH zu etwa gleichen Teilen in Position 3 und 9, während AME bevorzugt zu AME-3-O-Glucuronid umgesetzt wurde (Pfeiffer et al., 2009b). Durch Inkubationen mit humanen rekombinanten Uridin-5'-diphospho-Glucuronosyltransferasen (UGT) konnte gezeigt werden, dass neun der zehn getesteten Isoenzyme in der Lage waren, AOH und AME zu glucuronidieren. AME war dabei generell das bessere Substrat. Das Spektrum der eingesetzten UGT-Isoformen lässt darauf schließen, dass beide Toxine nicht nur in der Leber, sondern auch in Niere, Darm, Speiseröhre und Lunge mit hoher Aktivität glucuronidiert werden (Pfeiffer et al., 2009b).

1.1.3 Toxizität

Hinsichtlich der Toxizität von *Alternaria*-Toxinen existieren nur wenige Daten, wobei die Genotoxizität von AOH, AME oder den Perylenchinonen Gegenstand der meisten Studien ist. Im Folgenden werden die verfügbaren *in vitro*- und *in vivo*-Untersuchungen zur Toxizität von AOH und AME zusammengefasst.

1.1.3.1 Toxizität *in vitro*

Zytotoxizität

AOH ist zytotoxisch *in vitro*, wobei bisher hauptsächlich die Aktivierung von Zellzyklus-Kontrollpunkten gezeigt wurde. So inhibierte AOH die Replikation in Epithelzellen eines humanen Zervixkarzinoms (HeLa), während in Zellen des Schweine-Endometriums zusätzlich ein G_0/G_1-Arrest beobachtet werden konnte (Pero et al., 1973; Wollenhaupt et al., 2008).
In Ishikawa Zellen, die aus einem Adenokarzinom des humanen Endometriums stammen, bewirkte AOH eine signifikante Erhöhung des Anteils der Zellpopulation in der G_2/M-Phase (Lehmann et al., 2006). Dies konnte in der gleichen Arbeit in Kombination mit einer leichten Verzögerung der Replikation auch in V79 Lungenfibroblasten des männlichen Chinesischen Hamsters beobachtet werden.

Genotoxizität und Mutagenität

Die Untersuchung der Mutagenität von AOH und AME in Bakterien ergab zum Teil kontroverse Ergebnisse. AOH war nicht mutagen im Ames-Test in den *Samonella typhimurium* Stämmen TA98 und TA100 (Davis und Stack, 1994; Scott und Stoltz, 1980). AME hingegen war schwach mutagen in diesen *Salmonella*-Stämmen (Scott und Stoltz, 1980) und erwies sich zudem als ein potenter Induktor von Rückwärtsmutationen in *E. coli* ND160 (Zhen et al., 1991). Der positive Befund von Scott und Stoltz (1980) konnte in einer späteren Studie nicht reproduziert werden und wurde auf den Einsatz von mit Altertoxinen verunreinigtem AME zurückgeführt (Davis und Stack, 1994).

In humanen Ishikawa Zellen und in Hamster V79 Lungenfibroblasten induzierte AOH konzentrationsabhängig kinetochor-negative Mikrokerne und wirkte somit klastogen (Lehmann et al., 2006). AOH und AME induzierten zudem konzentrationsabhängig DNA-Strangbrüche in V79 Zellen sowie in humanen HepG2 Leber- und HT29 Kolonkarzinomzellen (Pfeiffer et al., 2007a). Während nach einstündiger Inkubation mit 5-50 µM AOH bzw. AME in allen drei Zelllinien eine vergleichbare Anzahl von Strangbrüchen bestimmt wurde, waren nach 24 h in HT29 Zellen keine Strangbrüche mehr nachweisbar. Die Analyse der Kulturmedien ergab, dass zu diesem Zeitpunkt beide Toxine in HepG2 Zellen zu etwa 25%, in HT29 Zellen jedoch zu 100% glucuronidiert vorlagen. Da die Konjugate aus den Zellen transportiert wurden und somit keine Schäden mehr setzen konnten, waren die DNA-Strangbrüche in HT29 Zellen nach 24 h vermutlich vollständig repariert. Dies zeigt deutlich, dass die Glucuronidierung von AOH und AME eine Entgiftungsreaktion darstellt.

Ein möglicher Mechanismus, der für die Induktion von DNA-Strangbrüchen verantwortlich sein könnte, ist die Interaktion mit humanen Topoisomerasen, welche für AOH und AME mit einer gewissen Präferenz zur IIα-Isoform beobachtet werden konnte (Fehr et al., 2009). AME war dabei deutlich weniger potent als AOH. Neben der Herabsetzung der katalytischen Aktivität war auch die Stabilisierung der kovalenten DNA-Topoisomerase-Komplexe zu beobachten (Fehr et al., 2009). Dieser Mechanismus wird auch als Topoisomerase-Giftung bezeichnet.

Kollidiert eine DNA-Polymerase während der Replikation mit solch einem stabilisierten Intermediat, entsteht ein permanenter DNA-Doppelstrangbruch, wodurch die klastogene Eigenschaft von AOH erklärt werden könnte. Die Interaktion mit Topoisomerasen und die durch Pfeiffer et al. (2007a) beschriebene Induktion von DNA-Strangbrüchen traten im gleichen Konzentrationsbereich auf und hängen daher möglicherweise zusammen.

Ein an der Reparatur von kovalenten DNA-Topoisomerase-Intermediaten beteiligtes Enzym ist die Tyrosyl-DNA-Phosphodiesterase I (TDP1). In TDP1 überexprimierenden Zellen war die Genotoxizität von AOH signifikant verringert (Fehr et al., 2010). Dies ist als Indiz dafür zu werten, dass die Entstehung von DNA-Strangbrüchen hauptsächlich durch die Giftung von Topoisomerasen vermittelt wird.

Weitere Studien ergaben, dass AOH und AME Mutationen des *Ha-ras*-Gens in kultiviertem fetalem Esophagusepithel erzeugen (Dong et al., 1993). AOH ist zudem mutagen im Hypoxanthin-Phosphoribosyltransferase (HPRT) -Genmutationstest in V79 Zellen sowie im Thymidin-Kinase (TK) -Test in L51784 tk$^{+/-}$ Mauslymphomzellen (Brugger et al., 2006). Ab 10 µM AOH konnte eine signifikante, konzentrationsabhängige Induktion von Mutationen an beiden Genloki beobachtet werden, wobei AOH etwa 50-fach schwächer war als das direkte Mutagen 4-Nitrochinolin-N-oxid (NQO). Die Differenzierung zwischen großen und kleinen Kolonien im TK Test ergab, dass AOH vorwiegend die Bildung kleiner Kolonien induzierte (Brugger et al., 2006). Dies ist ein Hinweis auf die Entstehung größerer Chromosomendeletionen und steht im Einklang mit der Bildung von Mikrokernen in der verwendeten Mauslymphomzelllinie.

Insgesamt ist das genotoxische und mutagene Potential von AOH *in vitro* mittlerweile recht gut untersucht. Für AME existieren wenige Daten, während das genotoxische Potential von ALT bislang noch völlig unbekannt ist.

1.1.3.2 Toxizität in Labortieren

Tierexperimentelle Daten zur Toxizität der *Alternaria*-Toxine sind kaum verfügbar. Es existieren lediglich wenige Untersuchungen zur akuten und chronischen Toxizität an Mäusen und im Chicken Embryo Assay sowie zur Reproduktionstoxizität in weiblichen Mäusen und Hamstern. Kanzerogenitätsstudien fehlen bisher; wenige epidemiologische Studien weisen auf die Beteiligung von *Alternaria*-Toxinen an der Entstehung von Esophagus-Tumoren hin. Im Folgenden sind die *in vivo*-Daten zur Toxizität von AOH und AME zusammengefasst.

1.1. *Alternaria*-Toxine

Akute und chronische Toxizität

Die akute Toxizität von AOH und AME in Mäusen nach intraperitonealer Applikation ist mit LD_{50}-Werten von mehr als 400 mg/kg Körpergewicht gering (Pero et al., 1973). Die Versuchstiere waren nach Verabreichung der Toxine teilweise sediert, es konnten Magenkrämpfe und periodisches Hecheln beobachtet werden. Im Chicken Embryo Assay traten mit bis zu 1000 µg AOH und ALT bzw. 500 µg AME pro Ei keine toxischen Wirkungen auf (Griffin und Chu, 1983).

Die Toxizität der drei Verbindungen nach wiederholter Verabreichung wurde in einer dreiwöchigen Studie an Ratten untersucht. Die Tiere erhielten 21 Tage lang Futter mit unterschiedlichen Gehalten von AOH, AME bzw. ALT (bis zu 24 mg/kg, 39 mg/kg bzw. 10 mg/kg), wobei keine adversen Effekte festgestellt werden konnten (Sauer et al., 1978).

Reproduktionstoxizität

Die subkutane Injektion von AOH (100 mg/kg Körpergewicht) an drei aufeinanderfolgenden Tagen führte bei trächtigen DBA12-Mäusen zu fetotoxischen Effekten (Pero et al., 1973). Erfolgte die Gabe zwischen Tag 9 und 12 der Trächtigkeit, war eine erhöhte Zahl toter Feten zu beobachten. Zwischen Tag 13 und 16 hingegen kam es vermehrt zu Missbildungen. Zusätzlich konnte ein Synergismus von AOH und AME (jeweils 25 mg/kg Körpergewicht) bei subkutaner Injektion zwischen Tag 9 und 12 festgestellt werden, während AME alleine bis 50 mg/kg Körpergewicht nicht signifikant fetotoxisch war (Pero et al., 1973).

Die Gabe von 200 mg AME pro kg Körpergewicht an Tag 8 nach der Befruchtung führte bei Syrischen Goldhamstern zu einer erhöhten Anzahl an Resorptionen sowie zu reduziertem Gewicht der Feten (Pollock et al., 1982b). Bei niedrigeren Dosen (50 mg und 100 mg) konnte kein Effekt beobachtet werden.

Der Mechanismus der Fetotoxizität von AOH und AME ist weitestgehend ungeklärt. Neuere Studien ergaben, dass AOH und AME die Progesteron-Synthese in Granulosazellen (Epithelzellen in Ovarialfollikeln) des Schweins hemmen (Tiemann et al., 2009). Progesteron ist ein Steroidhormon, das unter anderem wichtig für die Einnistung der Eizelle ist. Die Hemmung der Progesteronsynthese erfolgte bereits ab 0,8 µM AOH bzw. AME. Es ist demnach möglich, dass die beiden Toxine das Follikelwachstum beeinflussen, was zumindest einen Beitrag zu den *in vivo* beobachteten fetotoxischen Effekten leisten könnte.

Kapitel 1. Einleitung

Kanzerogenität

Es wurden bisher keine Kanzerogenitätsstudien mit AOH, AME oder anderen *Alternaria*-Toxinen an Labortieren durchgeführt. Dennoch deuten einige Studien auf ein möglicherweise kanzerogenes Potential von AOH bzw. AME hin. Yekeler et al. (2001) beobachteten nach zehnmonatiger Gabe von AME (50-100 mg/kg Körpergewicht und Tag) mit dem Trinkwasser präkanzerogene Veränderungen in der Mukosa der Speiseröhre von Mäusen. Dabei handelte es sich um leichte bis mittelschwere Dysplasien, welche Vorstufen maligner Tumoren sein können.

In einer weiteren Studie wurde human-fetales Speiseröhrengewebe für 24 h mit AOH inkubiert. Nach zweiwöchiger Kultivierung erfolgte die Implantation des Gewebes in BALB/c-Mäuse, wonach eines der drei Versuchstiere ein Plattenepithelkarzinom entwickelte (Liu et al., 1992).

In epidemiologischen Studien konnte eine Korrelation zwischen der Inzidenz an Esophaguskarzinomen und der verbreiteten *Alternaria*-Kontamination von Getreide in bestimmten Regionen Chinas beobachtet werden (Liu et al., 1991, 1992). Dabei wurden die mutagenen *Alternaria*-Toxine für die Entstehung dieser Tumoren verantwortlich gemacht. Inwieweit und vor allem welche Toxine kanzerogenes Potential besitzen, ist bisher nicht untersucht. Es werden daher Kanzerogenitätsstudien, zumindest für Vertreter der einzelnen Substanzklassen, benötigt.

1.2 Testsysteme

1.2.1 Das Caco-2 Millicell System

Insbesondere die Entwicklung neuer Medikamente erfordert das Screening einer Vielzahl potentieller Kandidaten (ca. 5000 pro Medikament) hinsichtlich Toxikologie und Pharmakokinetik (van Breemen und Li, 2005). Auch für die Risikobewertung toxischer Substanzen wie z.B. Mykotoxinen ist die Kenntnis von Resorption und Bioverfügbarkeit essentiell. Dies wird häufig tierexperimentell untersucht; *in vitro*-Modelle für Resorptionsstudien haben jedoch im Zuge des R^3-Programms (Reduce, Refine, Replace) zur Reduktion von Tierversuchen in den letzten Jahren zunehmend an Bedeutung gewonnen. Im Folgenden werden bestehende Resorptionsmodelle kurz zusammengefasst und das Caco-2 Zellmodell als derzeit am besten etabliertes *in vitro*-System vorgestellt.

Modelle für Resorptionsstudien

Die Untersuchung der Resorption und der Bioverfügbarkeit erfolgt nach wie vor hauptsächlich anhand von *in vivo*-Studien an Ratten oder Mäusen nach oraler Verabreichung der Testsubstanzen. Hierbei wird die komplette Passage durch den Gastrointestinaltrakt mit einbezogen. Mittels moderner analytischer Methoden können die Plasma- und Gewebeverteilungen der Muttersubstanz und der gebildeten Metaboliten bestimmt werden. Neben klassischen *in vivo*-Studien gibt es auch die Möglichkeit der Untersuchung *in situ* (Artursson, 1990; van Breemen und Li, 2005). Hierbei wird das Versuchstier anästhesiert, der Darm freigelegt und die Substanz direkt injiziert. Auf diese Weise wird die Passage durch den oberen Gastrointestinaltrakt umgangen.

Komplexere *in vitro*-Modelle beruhen auf der Bestimmung der Permeabilität frisch entnommenen Gewebes für eine Testsubstanz (Artursson, 1990; van Breemen und Li, 2005). Ein Nachteil dieser Systeme ist die geringe Lebensfähigkeit des Gewebes. So kommt es beispielsweise bei der Probenvorbereitung für die Ussing-Kammer, in der das Darmgewebe als semipermeable Membran zwischen zwei Kompartimenten (Darmlumen und Blutseite) fungiert, häufig zur Beschädigung des Gewebes und dadurch zu einer Verringerung der Zellviabilität (van Breemen und Li, 2005). Der limitierende Faktor bei diesen Methoden ist generell die Verfügbarkeit von Versuchstieren und/oder frischem Gewebe. Aus diesem Grund gewinnen alternative *in vitro*-Methoden mit Screening-Potential zunehmend an Bedeutung (van Breemen und Li, 2005).

Das Caco-2 Zellmodell ist ein solches System und gilt mittlerweile als Standardmethode zur Vorhersage der intestinalen Resorption *in vivo*, wird aber auch für mechanistische Untersuchungen eingesetzt (Artursson, 1990).

Aufbau des Dünndarmepithels

Das humane Dünndarmepithel besteht aus verschiedenen Zelltypen, darunter Enterozyten, Immunzellen, endokrinen und exokrinen Zellen (Hillgren et al., 1995). Die Resorption der meisten Nährstoffe und Xenobiotika erfolgt allerdings durch die Enterozyten. Diese stellen polarisierte Zellen mit einer apikalen und einer basolateralen Seite dar, wobei die apikale (dem Darmlumen zugewandte) Membran Einstülpungen, sog. Mikrovilli, enthält. Auf Grund dieser morphologischen Besonderheit wird die apikale Seite des Dünndarmepithels auch Bürstensaummembran genannt (Hillgren et al., 1995).

Kapitel 1. Einleitung

Die intestinale Resorption erfolgt im Wesentlichen durch drei Prozesse: aktiver Transport, passive Diffusion oder vesikulärer Transport. Dies ist in Abb. 1.2 schematisch dargestellt.

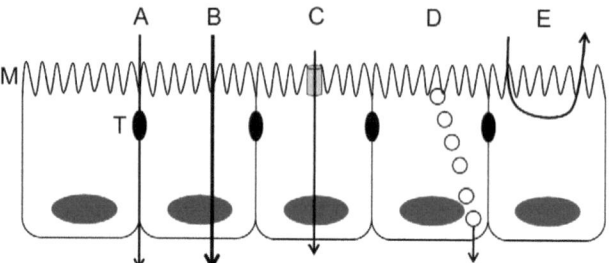

Abb. 1.2: Wege und Mechanismen des Transports durch das intestinale Epithelium. Die Mikrovilli der apikalen Bürstensaummembran (M) sind Ort der Resorption von Nährstoffen und Xenobiotika. Der parazelluläre Transport (A) wird durch Tight Junctions (T) reguliert. Neben transzellulärer passiver Diffusion (B) können Substanzen auch Carrier-vermittelt, entweder sekundär aktiv oder durch erleichterte Diffusion, aufgenommen werden (C). Daneben ist der vesikuläre Transport durch Endo- bzw. Transzytose möglich (D). Substrate von Effluxproteinen werden nach der Aufnahme in die Zelle wieder zur apikalen Seite hin ausgeschleust (E). Modifiziert nach Press und Di Grandi (2008).

Die passive Diffusion kann entweder parazellulär, d.h. durch den wässrigen Extrazellularraum, oder transzellulär nach Durchdringen der Zellmembran erfolgen (van Breemen und Li, 2005). Der Extrazellularraum des Dünndarmepithels wird durch Tight Junctions abgedichtet, welche die parazelluläre Diffusion limitieren. Die wichtigste physikalische Barriere für die transzelluläre passive Diffusion stellt hingegen die Lipiddoppelschicht der Zellmembran dar (Hidalgo, 2001; van Breemen und Li, 2005).

Zusätzlich fungieren Effluxproteine in der apikalen Membran als biochemische Barriere. Dabei handelt es sich um Transporter der ABC (ATP-binding cassette) -Familie, zu denen P-Glycoprotein (P-gp) und Multidrug Resistance-Related Protein-2 (MRP-2) zählen und die ihre Substrate sehr effektiv zur apikalen Seite hin ausschleusen (Press und Di Grandi, 2008; Sharom, 2008).

Nährstoffe wie auch einige Xenobiotika werden häufig Carrier-vermittelt, entweder in Form der erleichterten Diffusion oder des sekundär aktiven Transports, aufgenommen. In der apikalen Membran des Dünndarmepithels befinden sich daher verschiedenste Transporter für Aminosäuren, Peptide, Zucker, Fettsäuren und Ionen (Hillgren et al., 1995). Auch Hydrolasen wie Disaccharidasen und Peptidasen sind in der Bürstensaummembran lokalisiert.

1.2. Testsysteme

Die basolaterale Membran enthält keine Hydrolasen, jedoch ebenfalls Transporter, über die die Nährstoffe an das Pfortaderblut abgegeben werden (Hillgren et al., 1995).

Vergleich von Caco-2 Zellen und Enterozyten

Unter den *in vitro*-Modellen zur Bestimmung der intestinalen Resorption stellen Caco-2 Zellen das am besten etablierte System dar. Diese humanen Kolonkarzinomzellen differenzieren nach Erreichen der Konfluenz spontan und bilden polarisierte Monolayer mit Mikrovilli-ähnlichen Strukturen auf der apikalen Seite aus (Pinto et al., 1983; Press und Di Grandi, 2008; van Breemen und Li, 2005). Auch die Entstehung von Tight Junctions ist beschrieben (Artursson und Karlsson, 1991; Pinto et al., 1983). Obwohl Caco-2 Zellen aus dem Kolon stammen, konnten folgende, für die Bürstensaummembran typische, Enzyme und Transportproteine nachgewiesen werden:

- Aktive Transporter für neutrale Aminosäuren, Dipeptide, Gallensäuren und Cobalamin (Artursson und Karlsson, 1991),
- Hydrolasen wie Disaccharidasen, Peptidasen und die Alkalische Phosphatase (Hauri et al., 1985; Matsumoto et al., 1990),
- Efflux-Proteine wie P-gp und MRP-2 (Press und Di Grandi, 2008).

Die Aktivität von Transportproteinen ist in Caco-2 Zellen etwas geringer als in der Bürstensaummembran der Enterozyten, weshalb die Resorption von überwiegend aktiv transportierten Substraten tendenziell unterschätzt wird (Gres et al., 1998; Lennernas et al., 1996). P-gp ist, wie in vielen Krebszellen, überexprimiert. Dadurch wird auch die Resorption von P-gp Substraten in Caco-2 Zellen unterschätzt, da diese nach der Aufnahme aktiv zur apikalen Seite hin ausgeschleust werden (Yee, 1997). Neben den Efflux-Proteinen stellt auch die metabolische Kapazität der Enterozyten eine gewisse biochemischen Barriere dar. Caco-2 Zellen exprimieren zahlreiche Sulfotransferase (SULT) -Isoformen (Satoh et al., 2000). Dass die Zellen über aktive UGT und SULT verfügen, konnte mit Hilfe von verschiedenen sekundären Pflanzenstoffen und Mykotoxinen gezeigt werden. Durch die Expression von antioxidativen Enzymen wie Superoxid-Dismutase, Katalase, Gluta-thion-Reduktase, Glutathion-Peroxidase und Glutathion-S-Transferasen (GST) besitzen Caco-2 Zellen außerdem ein funktionales antioxidatives System (Baker und Baker, 1992; van Breemen und Li, 2005).

Dabei wurden Glucuronide und Sulfate der Isoflavone Genistein und Daidzein, des Flavonols Quercetin sowie des Mykotoxins Zearalenon nach der Inkubation von Caco-2 Zellen mit den jeweiligen Substraten nachgewiesen (Murota et al., 2000, 2002; Pfeiffer et al., 2011; Steensma et al., 2004).

Permanente Zelllinien verlieren in Kultur in der Regel schnell ihre CYP-Aktivität (Rodriguez-Antona et al., 2002). Auch Caco-2 Zellen besitzen kaum basale CYP-Aktivität, es besteht jedoch eine gewisse Induzierbarkeit. Neben CYP1A1, welches im Dünndarm jedoch nicht exprimiert wird, ist die Induktion der wichtigsten intestinalen Isoform CYP3A4 durch Vitamin D_3 beschrieben (Fisher et al., 1999; Press und Di Grandi, 2008; Schmiedlin-Ren et al., 1997).

Das Caco-2 Millicell® System

Ideale Bedingungen für die Differenzierung finden Caco-2 Zellen auf semipermeablen Membranen aus Polycarbonat oder Polyethylenterephthalat (Hidalgo et al., 1989; Press und Di Grandi, 2008). Die Membranen werden in die Kavitäten von Multiwell Platten (6, 12 oder 24-Well) eingesetzt, welche dadurch in zwei Kompartimente unterteilt werden. Dies ist in Abb. 1.3 schematisch dargestellt.

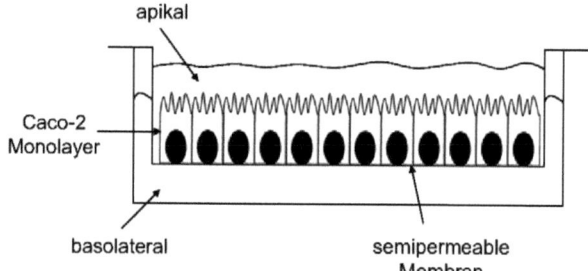

Abb. 1.3: Querschnitt durch eine Kammer des Caco-2 Millicell® Systems. Der Einsatz mit der semipermeablen Membran, auf der die Zellen kultiviert werden, teilt das Well in ein apikales und ein basolaterales Kompartiment. Die Zellen wachsen polarisiert, d.h. sie bilden eine apikale Bürstensaummembran und eine basolaterale, glatte Membran aus.

Kultiviert auf den semipermeablen Membranen, bilden die Zellen während der Differenzierung nach oben hin (zum Lumen; apikal) Mikrovilli-ähnliche Strukturen aus, während die basolaterale Membran (der Blutseite zugewandt), die Kontakt zur semipermeablen Membran besitzt, planar bleibt.

1.2. Testsysteme

Bis zur vollständigen Differenzierung mit Mikrovilli und Tight Junctions benötigen die Zellen etwa 21 Tage. Nach dieser Zeit sind die Aktivitäten der exprimierten Enzyme in der Regel maximal (Press und Di Grandi, 2008).

Für Resorptionsstudien werden die Zellen von der apikalen Seite mit der Testsubstanz inkubiert, wobei üblicherweise Hank´s Buffered Salt Solution (HBSS) als Medium verwendet wird (Hidalgo et al., 1989). Die Inkubation von der basolateralen Seite kann Aufschluss darüber geben, ob die Testsubstanz ein Substrat von Effluxproteinen ist (Press und Di Grandi, 2008).

Die Integrität des Caco-2 Monolayers stellt eine wichtige Voraussetzung für die Durchführung der Resorptionsstudien dar. Dies kann entweder durch die Messung des Transepithelialen Elektrischen Widerstands (TEER) oder durch die Bestimmung des Transports eines Markermoleküls durch den Monolayer überprüft werden (Legen et al., 2005; Press und Di Grandi, 2008).

Im Verlauf der Differenzierung steigt der TEER von Caco-2 Monolayern an und ist nach zwei bis drei Wochen maximal, wobei die Absolutwerte von den Versuchsbedingungen abhängen. Einflussfaktoren sind dabei Fläche und Material der semipermeablen Membran, Zelldichte und Passagezahl (Shah et al., 2006). Die in der Literatur beschriebenen TEER-Werte liegen zwischen 150 und 1600 $\Omega\cdot cm^{-2}$, wobei ab 150 $\Omega\cdot cm^{-2}$ von einem intakten Monolayer auszugehen ist (Shah et al., 2006).

Ein sensitiveres Qualitätskriterium stellt der Transport eines Markermoleküls durch den Caco-2 Monolayer dar. Hierfür werden Substanzen verwendet, die nicht aktiv aufgenommen werden und auch nur in geringem Ausmaß passiv diffundieren können. Dazu zählen unter anderem Mannitol, Polyethylenglycol und der Fluoreszenzfarbstoff Lucifer Yellow (LY) (Shah et al., 2006; Yee, 1997). Die Integrität des Monolayers ist dann als gegeben anzusehen, wenn nach einstündiger Inkubation weniger als 1% der apikal applizierten Stoffmenge im basolateralen Kompartiment detektiert werden kann (Gres et al., 1998).

Der Vergleich der TEER-Werte des Caco-2 Monolayers mit verschiedenen intestinalen Geweben weist darauf hin, dass Caco-2 Zellen in diesem Punkt eher dem Kolon als dem Dünndarm ähneln (Tab. 1.1). Während Literaturwerte für humanes Ileum zwischen 40 $\Omega\cdot cm^{-2}$ und 50 $\Omega\cdot cm^{-2}$ liegen, besitzt das humane Kolon einen TEER-Wert von etwa 300 $\Omega\cdot cm^{-2}$. Dies ist vor allem durch die im Kolon stärker ausgeprägten Tight Junctions zu erklären (Hillgren et al., 1995).

Kapitel 1. Einleitung

Tab. 1.1: TEER-Werte für verschiedene Gewebe im Vergleich zu Caco-2 Zellen.

	TEER ($\Omega \cdot cm^{-2}$)	Referenz
Caco-2 Monolayer	150-1600	Shah et al. (2006)
	372	Legen et al. (2005)
Ileum (Mensch)	40-50	Legen et al. (2005)
Ileojejunum (Ratte)	33	Legen et al. (2005)
Jejunum (Schwein)	124	Legen et al. (2005)
Kolon (Mensch)	300	Artursson und Karlsson (1991)

Es ist davon auszugehen, dass die parazelluläre Barriere bei Caco-2 Zellen höher ist als im humanen Dünndarm. Daher wird die Resorption von Verbindungen, die ausschließlich oder überwiegend parazellulär diffundieren, unterschätzt (Lennernas et al., 1996; Press und Di Grandi, 2008). Hierzu zählen beispielsweise Doxorubicin, Polyethylenglycol 900 und Glycin (Yee, 1997).

Korrelation mit der *in vivo*-Resorption

Die wichtigste Kenngröße der Resorptionsstudien im Caco-2 Modell ist der scheinbare Permeabilitätskoeffizient (P_{app}), welcher die Änderung der Konzentration einer Substanz im Akzeptorkompartiment pro Zeit- und Flächeneinheit angibt (Artursson und Karlsson, 1991). Es handelt sich dabei nicht um eine Konstante, da der P_{app}-Wert abhängig von der Wachstumsfläche des Monolayers, der Ausgangskonzentration im Donorkompartiment und der Inkubationszeit ist.

Die Bestimmung der P_{app}-Werte zahlreicher Substanzen unterschiedlichster physikochemischer Eigenschaften, deren intestinale Resorption *in vivo* zwischen 0 und 100% liegt, ergab eine lineare Korrelation zwischen P_{app}-Werten und *in vivo*-Resorption nach oraler Verabreichung der Testsubstanz (Artursson und Karlsson, 1991; Yee, 1997). Basierend auf dieser Korrelation können Substanzen in die Kategorien niedrige, mittlere und hohe zu erwartende Resorption eingeteilt werden (Tab. 1.2).

Tab. 1.2: P_{app}-Werte im Caco-2 Modell und die zu erwartende intestinale Resorption *in vivo* nach oraler Gabe (Yee, 1997).

P_{app} (cm·s^{-1})	zu erwartende Resorption
$< 10^{-6}$	niedrig (0-20%)
$10^{-6} \leq P_{app} \leq 10^{-5}$	mittel (20-70%)
$> 10^{-5}$	hoch (70-100%)

Insbesondere für Substanzen, die transzellulär durch passive Diffusion resorbiert werden, liefert das Caco-2 Zellmodell sehr gute Ergebnisse (Lennernas et al., 1996). Überwiegend aktiv transportierte Verbindungen wie Acetylsalicylsäure, Glycin und Taurocholsäure werden dagegen tendentiell unterschätzt, da die Aktivität der apikalen Transportproteine in Caco-2 Zellen niedriger ist als im humanen Dünndarm *in vivo* (Artursson, 1990; Gres et al., 1998; Hidalgo, 2001; Yee, 1997).

Das Caco-2 Zellmodell besitzt, wie auch alle anderen *in vitro*-Systeme, einige Schwachstellen. Dazu zählen die fehlende CYP-Aktivität, die Überexpression von P-gp sowie die stark ausgeprägten Tight Junctions. Insgesamt besteht jedoch eine überzeugende Korrelationen mit der Resorption einer Vielzahl von Verbindungen nach oraler Gabe.

1.2.2 Präzisionsgewebeschnitte

In vitro-Modelle für Metabolismus-Studien sind analog zur Resorption sowohl während der präklinischen Screeningphase in der Medikamentenentwicklung als auch im Zuge der Erhebung toxikokinetischer Daten für die Risikobewertung von Lebensmittelinhaltsstoffen und -kontaminanten von enormer Bedeutung. Da *in vivo*- und insbesondere Humandaten oft nicht verfügbar sind, werden gut charakterisierte *in vitro*-Modelle zur Vorhersage des zu erwartenden Metabolismus benötigt. In diesem Abschnitt sollen zunächst verschiedene *in vitro*-Modelle für Metabolismus-Studien verglichen werden. Anschließend wird das Modell der Präzisionsgewebeschnitte vorgestellt.

Vergleich verschiedener *in vitro*-Modelle

In Tab. 1.3 sind gebräuchliche *in vitro*-Modelle dargestellt, die mehr oder weniger nah an die *in vivo*-Situation heranreichen.

Mit Hilfe subzellulärer Fraktionen wie Mikrosomen und Cytosol können einzelne metabolische Reaktionen wie die Hydroxylierung, die Glucuronidierung oder die Sulfonierung durch Zugabe des entsprechenden Cofaktors isoliert betrachtet werden. Auf diese Weise können Spezies- und Geschlechtsunterschiede erkannt und die organspezifische Metabolisierung einer Substanz untersucht werden. Interindividuelle Unterschiede werden durch den Einsatz gepoolter Mikrosomen ausgeglichen.

Tab. 1.3: *In vitro*-Systeme für Metabolismus-Studien und ihre Nähe zur *in vivo*-Situation. Modifiziert nach Brandon et al. (2003).

In vitro-System	Nähe zur in vivo-Situation	Einfachheit der Durchführung
Supersomen®	+	+ + + + + + +
Mikrosomen und Cytosol	+ +	+ + + + + +
S9-Mix	+ + +	+ + + + +
(Transgene) Zelllinien	+ + + +	+ + + +
Primäre Hepatozyten	+ + + + +	+ + +
Leberschnitte	+ + + + + +	+ +
Perfundierte Leber	+ + + + + + +	+

Eine spezielle Form der Mikrosomen stellen Supersomen® oder Baculosomen dar (Chen et al., 1997). Dabei handelt es sich um Mikrosomen aus transfizierten Insektenzellen, welche je eine humane CYP- oder UGT-Isoform exprimieren. Anhand dieser Zellfraktionen kann die Beteiligung einzelner Isoenzyme am Metabolismus einer Substanz untersucht werden.

Permanente Zelllinien wie die humanen Hepatomzellen HepG2 sind einfach zu handhaben und werden häufig zur Untersuchung toxischer Effekte eingesetzt (Gerstner et al., 2008; Pfeiffer et al., 2007a; Rudzok et al., 2011). Für Metabolismus-Studien eignen sie sich jedoch auf Grund der niedrigen CYP-Aktivität und der insgesamt nicht repräsentativen Enzymausstattung nur begrenzt. Daher wurden transgene Zelllinien entwickelt, welche je ein humanes CYP- oder UGT-Isoenzym überexprimieren. Hauptsächlich werden dazu V79 Zellen und HepG2 Zellen eingesetzt, da diese niedrige basale CYP- und UGT-Aktivitäten besitzen (Caro und Cederbaum, 2001; Doehmer, 1993; Schmalix et al., 1993; Wooster et al., 1993). Als Beispiel einer etablierten transgenen Zelllinie ist V79h1A1 zu nennen, deren CYP-Aktivität ausreicht, um intrazellulär gebildete Metaboliten von CYP1A1-Substraten zu detektieren. V79h1A1 Zellen werden häufig für Genotoxizitätstests mit metabolischer Aktivierung eingesetzt. Als Positivkontrolle dient dabei Benzo[a]pyren (BP), welches nach metabolischer Aktivierung zu BP-7,8-dihydrodiol-9,10-epoxid stark mutagen ist (Schmalix et al., 1993).

Die meisten *in vitro* Metabolismus-Studien werden unter Verwendung primärer Hepatozyten durchgeführt, deren Isolation durch Collagenaseperfusion nicht trivial, aber sehr gut etabliert ist (Hengstler et al., 2000). Die Lebensfähigkeit von Hepatozyten in Suspensionskultur ist mit maximal 4 Tagen gering und die CYP-Aktivität nimmt durch den Verlust von nicht-Hepatozyten und den dadurch fehlenden Zell-Zell-Kontakten während der Kultivierung ab (Brandon et al.,

2003). Die zahlreichen Vorteile wie die Möglichkeit der Kryopräservation, die Verfügbarkeit gepoolter Hepatozyten, der Zugang zu humanen Zellen und die insgesamt realistische Enzymausstattung überwiegen jedoch und sind dafür verantwortlich, dass Primärzellen derzeit auch gegenüber komplexeren Systemen wie Gewebeschnitten oder perfundierter Leber bevorzugt werden.

Präzisionsgewebeschnitte

Gewebeschnitte werden schon seit den 1920ern verwendet, konnten jedoch lange nicht reproduzierbar hergestellt werden und waren oftmals nicht dünn genug, sodass sie auf Grund der unzureichenden Sauerstoffversorgung der innenliegenden Zellschichten nicht länger als 24 h kultivierbar waren (Parrish et al., 1995). Erst die Entwicklung spezieller Apparaturen, der sog. Tissue Slicer, ermöglichte die Präparation reproduzierbar dünner Schnitte in großer Stückzahl (Brendel et al., 1987; Krumdieck et al., 1980). Präzisionsgewebeschnitte können aus verschiedenen Organen wie Leber, Niere, Herz, Lunge und Darm hergestellt werden, wobei Hohlorgane zuvor mit Agarose gefüllt werden müssen (de Graaf et al., 2007). Auf Grund ihrer Bedeutung für Metabolismus-Studien werden Leberschnitte am häufigsten verwendet, weshalb im Folgenden die Eigenschaften und Anwendungsmöglichkeiten dieser näher erläutert werden sollen.

Vorteil der Tissue Slicer-Systeme gegenüber der manuellen Präparation ist die Möglichkeit, Durchmesser und vor allem Schnittdicke genau einstellen zu können. Die optimale Dicke ist von Sauerstoffverbrauch und Beschaffenheit des Gewebes abhängig und liegt bei 200-250 µm für Leber und Niere, 200-300 µm für Herz und ca. 500 µm für mit Agarose gefülltes Lungengewebe (Parrish et al., 1995). In den Anfängen der Technik wurden Schüttelkulturen in Multiwell Platten durchgeführt, welche häufig mechanische Verletzungen des Gewebes und mangelnde Nähr- und Sauerstoffversorgung zur Folge hatten. Daraus resultierte eine Lebensfähigkeit von weniger als 24 h (Parrish et al., 1995). Mit der Entwicklung der dynamischen Rotationskultur konnte die Lebensdauer von Präzisionsgewebeschnitten um ein Vielfaches gesteigert werden. In Waymouth´s Medium unter Carbogen-Begasung sind Rattenleberschnitte mit einer Dicke von 250 µm und einem Durchmesser von 8 mm bis zu 5 Tagen kultivierbar (Fisher et al., 1995a,b). Viabilitätskriterien sind in der Regel der ATP- und K^+-Gehalt, die Freisetzung von cytosolischen Enzymen wie Lactat-Dehydrogenase (LDH) sowie die Reduktion von 3-(4,5-Dimethylthiazol-2-yl)-2,5-diphenyltetrazoliumbromid (MTT) als Marker für mitochondriale Aktivität (Parrish et al., 1995).

Kapitel 1. Einleitung

Neben der Viabilität ist jedoch die Funktionalität, insbesondere die Aufrechterhaltung der Aktivität von Phase I- und Phase II-Enzymen, das entscheidende Qualitätskriterium. Permanente Zellen besitzen in der Regel keine CYP-Aktivität, und auch in primären Hepatozyten nimmt diese während der Kultivierung deutlich ab (Rodriguez-Antona et al., 2002). Für Leberschnitte existieren diesbezüglich kontroverse Ergebnisse. Olinga et al. (1997) beschreiben, dass die Aktivität der CYP-Isoformen 3A, 2B1 und 1A2 während einer 24-stündigen Kultivierung aufrecht erhalten wird. Dahingegen berichten verschiedene Autoren von einer mehr als 75-prozentigen Reduktion der CYP-Aktivität in humanen Leberschnitten (Renwick et al., 2000; Vandenbranden et al., 1998). Insgesamt ist die CYP-Aktivität in kultivierten Leberschnitten jedoch ausreichend, um Phase I-Metabolismus bis zu 24 h nachweisen zu können.

Phase II-Enzyme wie UGT und SULT sind im Vergleich zu CYP-Enzymen wesentlich robuster. Nach 4- und 24-stündiger Kultivierung waren in verschiedenen Studien sowohl für Human- als auch für Rattenleberschnitte nur geringe Aktivitätsverluste ($< 25\%$) zu verzeichnen (de Graaf et al., 2006; Vandenbranden et al., 1998). Als weitere aktive Phase II-Reaktionen in Leberschnitten sind die Acetylierung, die Methylierung und die Acylierung beschrieben (de Graaf et al., 2007; Nave et al., 2006; Wilson et al., 1988).

Ein entscheidender Vorteil von Leberschnitten gegenüber primären Hepatozyten ist die intakte Gewebearchitektur und die damit verbundene Aufrechterhaltung von Zell-Zell- und Zell-Matrix-Kontakten, wodurch auch die als Phase III bezeichneten Transportprozesse weitgehend funktional bleiben (Ekins, 1996; Parrish et al., 1995). Die Aktivität von verschiedenen Transportproteinen sowie von Transportern für organische Anionen und Gallensäuren ist in der Literatur beschrieben (de Graaf et al., 2007). Daraus resultiert, dass während der Inkubation nicht nur die äußeren, sondern auch innenliegende Zellschichten am Metabolismus beteiligt sind.

Hepatozyten können durch Kryopräservation konserviert werden und sind daher auch kommerziell erwerblich. Gewebeschnitte sind bislang nicht im Handel erhältlich, können jedoch ebenfalls eingefroren werden. Das Schockfrosten in Flüssigstickstoff hat dabei kaum Auswirkung auf die Enzymaktivitäten, welche auch nach dem Auftauen für bis zu 4 h erhalten bleiben (de Graaf und Koster, 2003). Es können demnach größere Stückzahlen (ca. 100 Schnitte aus der Leber einer Ratte) gefertigt und bis zur weiteren Verwendung tiefgekühlt aufbewahrt werden. Limitierende Faktoren sind in der Regel die Kapazität des Rotationsinkubators und die Zeitspanne zwischen Präparation und Inkubation, die möglichst kurz gehalten werden sollte.

1.2. Testsysteme

Präzisionsgwebeschnitte befinden sich näher an der *in vivo*-Situation als primäre Zellen. Präparation und Inkubation erfordern jedoch eine spezielle Ausrüstung und die Verfügbarkeit frischen Gewebes, während Primärzellen mittlerweile käuflich zu erwerben sind und daher nicht zwingend selbst isoliert werden müssen. In Tab. 1.4 sind Vor- und Nachteile von Präzisionsgewebeschnitten zusammengefasst.

Tab. 1.4: Zusammenfassung der Vor- und Nachteile von Präzisionsgewebeschnitten.

Vorteile	Erhaltung der Gewebearchitektur
	Zell-Zell- und Zell-Matrix-Kontakte
	Phase I-, II- und III-Metabolismus funktional
	reproduzierbare Schnittdicke
	große Stückzahlen aus einem Organ
	Kryopräservation ohne Verlust der Enzymaktivitäten
	Humangewebe zugänglich
	Interspezies-Vergleiche möglich
	CYP-Induktion möglich
Nachteile	interindividuelle Unterschiede
	Zellschädigung an den Rändern, Gefahr von Nekrosen
	Nähr- und Sauerstoffversorgung der inneren Schichten kritisch
	limitierte Viabilität im Vergleich zu kultivierten Zellen
	teure Ausrüstung

Die Anwendungsmöglichkeiten für Präzisionsgewebeschnitte sind vielfältig. Leberschnitte, überwiegend aus humanem Gewebe oder aus der Ratte, werden hauptsächlich für Metabolismus-Studien eingesetzt. Bisher wurden eine Vielzahl endo- und exogener Verbindungen untersucht, darunter Aflatoxin B_1, Coffein, Cyclosporin A, Diazepam, Ethoxyresorufin und Testosteron (Berthou et al., 1989; Ekins, 1996; Vickers et al., 1992).

Auch zur Bestimmung toxikologischer Endpunkte sind Präzisionsgewebeschnitte geeignet. Neben den klassischen Viabilitätstests (z.B. MTT-Reduktion) und der Bestimmung des Glutathion (GSH) -Gehalts kann auch die Entstehung von DNA-Addukten in Gewebeschnitten untersucht werden (Mirvish et al., 1987; Parrish et al., 1995). Es existieren beispielsweise Studien zur Hepatotoxizität von Aflatoxin B_1, halogenierten Kohlenwasserstoffen, Kokain und Paracetamol (Parrish et al., 1995).

Kapitel 1. Einleitung

Insgesamt stellen Präzisionsgewebeschnitte (und insbesondere Leberschnitte) ein nützliches Werkzeug zur Untersuchung von Metabolismus und Toxizität unter in vivo-ähnlichen Bedingungen dar. Wenngleich isolierte Hepatozyten auf diesem Gebiet häufig bevorzugt werden, haben Leberschnitte durch die Entwicklung spezieller Schneideapparaturen und der dynamischen Rotationskultur an Attraktivität gewonnen.

1.2.3 Der HPRT-Genmutationstest

Die Phosphoribosylierung der Purinbasen Hypoxanthin und Guanin zu den jeweiligen Nukleotiden wird durch das Enzym HPRT katalysiert. Durch diesen sog. Salvage Pathway werden in Säugerzellen bis zu 90% der freien Purine recycelt (Stout und Caskey, 1985). Auch einige toxische Purinderivate wie 6-Thioguanin (6-TG) oder 8-Azaguanin sind Substrate der HPRT und werden daher als Selektionsmittel im HPRT-Genmutationstest eingesetzt.

Das *hprt*-Gen ist auf dem X-Chromosom lokalisiert, die codierenden Sequenzen sind bei Hamster, Maus und Mensch zu etwa 95% homolog und die resultierenden Genprodukte dieser Spezies sind funktionell identisch (Stout und Caskey, 1985). Der HPRT-Test beruht auf Vorwärtsmutationen im *hprt*-Gen, welche häufig die Expression inaktiver Enzymvarianten zur Folge haben. Mutationen, die auf diese Weise erkannt werden können, sind vor allem Basenpaarsubstitutionen, Leserasterverschiebungen und kleinere Deletionen (Cole und Arlett, 1984). Größere Deletionen werden nicht immer erfasst, da sie häufig auf andere, für die Lebensfähigkeit essentielle Gene übergreifen und daher letal sind (Andrae, 1996). Untersuchungen von Vrieling et al. (1985) zeigten jedoch, dass durch Röntgenstrahlung induzierte Mutationen in V79 Zellen zu 70-80% durch größere Deletionen verursacht werden.

Das Selektionsprinzip des HPRT-Tests beruht auf der Resistenz gegenüber Purinderivaten wie 6-TG. Zellen mit aktiver HPRT phosphoribosylieren 6-TG, der Einbau der toxischen Nukleotide führt zur Destabilisierung der DNA und letztendlich zum Zelltod. HPRT-Mutanten hingegen bilden Nukleotide ausschließlich über die *de novo*-Synthese und überleben daher in Anwesenheit von 6-TG.

Für den *in vitro* HPRT-Test werden in der Regel die bereits erwähnten V79 Zellen verwendet. Auf Grund der Lokalisation auf dem X-Chromosom sind diese Zellen hemizygot bezüglich des *hprt*-Gens. Daher reicht theoretisch eine Mutation aus, um die Inaktivierung der HPRT zu induzieren (Andrae, 1996; Stout und Caskey, 1985). V79 Zellen besitzen einen Zellzyklus von

1.2. Testsysteme

etwa 12 h, wodurch Mutationen schnell im Genom fixiert werden. Sie sind außerdem kolonienbildungsfähig und exprimieren einen stabilen, homogenen Karyotyp (Andrae, 1996).

Ein Nachteil der V79 Zellen ist die fehlende metabolische Kapazität, insbesondere hinsichtlich des oxidativen Phase I-Metabolismus. Viele Substanzen sind nicht per se, sondern erst nach Aktivierung mutagen (z.b. BP nach Oxidation durch CYP1A1 zum BP-7,8-dihydrodiol-9,10-epoxid), weshalb zur Beurteilung solcher Verbindungen die metabolische Aktivierung simuliert werden muss. Dies geschieht entweder extern durch Zugabe von CYP-Enzymen zum Inkubationsmedium oder intern durch den Einsatz transgener Zelllinien wie V79h1A1 (vgl. 1.2.2).

Die prinzipielle Durchführung des HPRT-Tests gliedert sich in Exposition, Subkultivierung und Selektion. Nach der Exposition (normalerweise 24 h) wird die Zytotoxizität anhand verschiedener Parameter (Lebendzellzahl und Kolonienbildungsfähigkeit unmittelbar nach der Inkubation) bestimmt. Während der anschließenden Subkultivierung sollten die Zellen mehrere Zellzyklen durchlaufen, damit die Mutationen im Genom fixiert werden können. Außerdem dauert es einige Zeit, bis die noch vorhandene HPRT-Aktivität sowie die mRNA des intakten Enzyms abgesenkt sind (Cole und Arlett, 1984).

Da die spontane Mutationsfrequenz der verwendeten Zellen möglichst niedrig sein sollte, wurden Gegenselektionsmedien auf Basis von Aminopterin entwickelt (Stout und Caskey, 1985). Aminopterin blockiert die *de novo*-Nukleotidsynthese; in Anwesenheit von Hypoxanthin und Thymidin können Zellen mit aktiver HPRT die Nukleinsäuresynthese über den Salvage Pathway aufrecht erhalten, während die Mutanten sterben (Szybalski, 1992).

Insgesamt ist das Enzym HPRT in Kombination mit V79 Zellen aus drei wesentlichen Gründen zur Durchführung des Genmutationstests geeignet: Es ist nicht essentiell für die Lebensfähigkeit der Zellen, diese sind hemizygot bezüglich des *hprt*-Gens und es existieren starke Selektionsmittel für Mutanten mit inaktiver HPRT.

2 Problemstellung

Schimmelpilze der Gattung *Alternaria* sind in Gegenden gemäßigten Klimas ubiquitär und wachsen besonders auf Obst, Gemüse und Getreide. Sie bilden zahlreiche Mykotoxine unterschiedlicher chemischer Strukturen, wobei AOH und AME am häufigsten auftreten. Hinsichtlich der Toxikokinetik und der Toxizität der *Alternaria*-Toxine wurden bislang nur wenige Studien veröffentlicht, auf deren Basis keine Risikobewertung erfolgen kann.

Im ersten Teil dieser Arbeit sollten daher *in vitro*-Untersuchungen zur Toxikokinetik durchgeführt werden, wobei insbesondere die intestinale Resorption und der oxidative Metabolismus von AOH und AME im Fokus standen. Ziel war die Beantwortung der folgenden Fragen:

- Ist die intestinale Resorption von AOH und AME *in vivo* zu erwarten?
- Welche humanen CYP-Isoformen sind an der Hydroxylierung beteiligt?
- Besitzt der oxidative Metabolismus von AOH und AME *in vivo*-Relevanz?

Die Untersuchung der Resorption erfolgte anhand des Caco-2 Millicell® Systems. Zur Bestimmung der CYP-Aktivitäten wurden humane rekombinante CYP-Isoenzyme in Form von Supersomen® verwendet. Dabei wurden neben AOH und AME auch die beiden Stereoisomere ALT und isoALT eingesetzt. Ob der oxidative Metabolismus von AOH und AME auch in einer *in vivo*-ähnlichen Situation stattfindet, sollte mit Hilfe von Präzisionsgewebeschnitten der Rattenleber festgestellt werden.

Der zweite Teil dieser Arbeit befasst sich mit der Mutagenität von AOH, AME und ALT. Frühere Studien haben gezeigt, dass AOH Mutationen am *hprt*-Genlokus in V79 Zellen verursacht. In der vorliegenden Arbeit sollte ergänzend dazu das mutagene und zytotoxische Potential von AME und ALT *in vitro* untersucht werden.

Es ist bekannt, dass bei der CYP-katalysierten Hydroxylierung von AOH Metaboliten mit Catecholstruktur entstehen, welche auf Grund ihrer Reaktivität möglicherweise von toxikologischer Relevanz sind. Die Bestimmung der Zytotoxizität und der Mutagenität von 4-HO-AOH, einem der insgesamt vier oxidativen AOH-Metaboliten, in V79 Zellen sollte diesbezüglich erste Erkenntnisse liefern.

Kapitel 2. Problemstellung

Abschließend wurde die Entstehung von GSH-Addukten als eine mögliche Entgiftungsreaktion von Catecholen, ebenfalls am Beispiel von 4-HO-AOH, untersucht. Die Analytik der gebildeten Addukte erfolgte mittels LC-DAD-MS.

3
Ergebnis und Diskussion

3.1 *In vitro*-Resorption von AOH und AME: Das Caco-2 Millicell System

Humane Caco-2 Kolonkarzinomzellen differenzieren spontan und bilden dabei polarisierte Monolayer aus, die morphologische Ähnlichkeiten zum humanen Dünndarmepithel aufweisen (van Breemen und Li, 2005). Neben einer apikalen Bürstensaummembran mit Mikrovilli-ähnlichen Strukturen werden Tight Junctions ausgebildet und typische Enzyme und Transporter des humanen Dünndarmepithels exprimiert.

Zur Untersuchung der *in vitro*-Resorption existieren Transwell-Modelle wie beispielsweise das Caco-2 Millicell® System. Die Zellen werden dabei auf semipermeablen Membranen kultiviert, die jede Vertiefung einer Multiwell-Platte in ein apikales und ein basolaterales Kompartiment teilen (Press und Di Grandi, 2008). Durch Inkubation der differenzierten Zellen können Transportprozesse in beide Richtungen studiert werden. Die in diesem Modell bestimmten Resorptionsraten zahlreicher Substanzen korrelieren gut mit *in vivo*-Daten, weshalb Caco-2 Zellen heute ein anerkanntes Modell zur Vorhersage der *in vivo*-Resorption darstellen (Artursson und Karlsson, 1991; Yee, 1997). Aus diesem Grund sollte in der vorliegenden Arbeit auch die Resorption von AOH und AME mit Hilfe des Caco-2 Millicell® Systems untersucht werden.

Caco-2 Zellen verfügen über aktive Phase II-Enzyme wie UGT und SULT, weshalb die Generierung von Referenzsubstanzen für die zu erwartenden Glucuronide und Sulfate von AOH und AME erforderlich war. Die Analyse der Metaboliten wie auch der Muttersubstanzen erfolgte dabei mittels HPLC-UV bzw. LC-DAD-MS.

Zunächst wurde die metabolische Kapazität differenzierter Caco-2 Zellen durch Inkubation mit AOH und AME in 6-Well Platten ohne semipermeable Membran untersucht. Im Anschluss erfolgte die Bestimmung der Resorption mit Hilfe des Caco-2 Millicell® Systems. Die dabei erhaltenen Ergebnisse sind bereits publiziert (Burkhardt et al., 2009) und werden im Folgenden zusammengefasst.

Kapitel 3. Ergebnis und Diskussion

3.1.1 Generierung von Referenzsubstanzen

In Abb. 3.1 sind die theoretisch möglichen Konjugate von AOH und AME dargestellt. AOH besitzt drei, AME hingegen nur zwei freie Hydroxygruppen, welche mögliche Angriffspunkte für UGT und SULT darstellen. Daher kann AOH prinzipiell zu je drei Glucuroniden und Sulfaten metabolisiert werden, während für AME die Entstehung von je zwei Konjugaten denkbar ist.

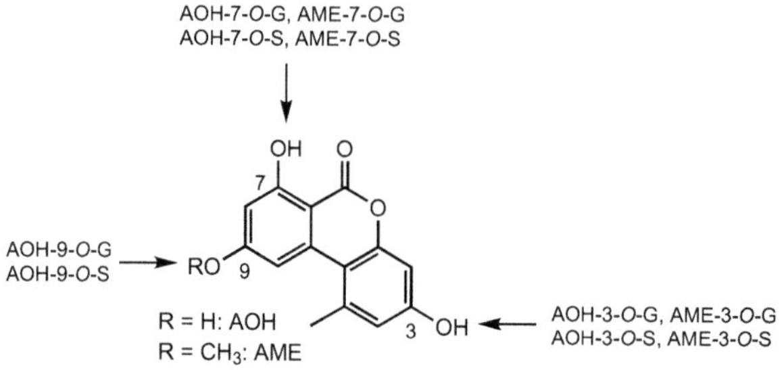

Abb. 3.1: Strukturformel von AOH bzw. AME und mögliche Konjugate. G, Glucuronid; S, Sulfat

Glucuronidierung von AOH und AME

Die Strukturaufklärung der Glucuronide erfolgte bereits in einer früheren Studie. AOH und AME wurden dabei mit Lebermikrosomen verschiedener Spezies in Anwesenheit des Cofaktors UDPGA inkubiert und die gebildeten Metaboliten mittels LC-DAD-MS analysiert. Dabei konnte die Entstehung von je zwei Glucuroniden beobachtet werden (Pfeiffer et al., 2009b).

AME wurde hauptsächlich an Position 3 und in sehr viel geringerem Ausmaß an Position 7 glucuronidiert, was durch die schwere Zugänglichkeit der Hydroxygruppe an C-7 zu erklären ist (Pfeiffer et al., 2009b). Diese wird durch die Ausbildung einer Wasserstoffbrücke zur Carbonylgruppe in Position 6 blockiert (Molina et al., 1998). Die beiden gebildeten AOH-Glucuronide konnten als AOH-3-*O*-Glucuronid und AOH-9-*O*-Glucuronid identifiziert werden (Pfeiffer et al., 2009b).

Für AME-7-*O*-Glucuronid war im Vergleich zu AME-3-*O*-Glucuronid eine deutlich höhere Polarität zu beobachten (Pfeiffer et al., 2009b). Es ist anzunehmen, dass die Konjugation der Hydroxygruppe in Position 7 und die damit verbundene Auflösung der Wasserstoffbrücke hierfür verantwortlich ist. Dafür spricht auch, dass sich die beiden AOH-Glucuronide hinsichtlich ihrer Polarität kaum unterschieden.

3.1. *In vitro*-Resorption von AOH und AME: Das Caco-2 Millicell System

Sulfonierung von AOH und AME

Referenzsubstanzen der Sulfate von AOH und AME wurden durch Inkubation der Toxine mit Rattenlebercytosol unter Zugabe des Cofaktors 3´-Phosphoadenosin-5´-phosphosulfat (PAPS) generiert. Zur Verbesserung der chromatographischen Eigenschaften der Sulfate während der HPLC Analyse enthielt das Fließmittel Tetrabutylammoniumphosphat (TBAP) als Reagenz zur Ionenpaarbildung.

Wie in Abb. 3.2 ersichtlich, konnten nach Inkubation von AOH und AME mit Rattenlebercytosol mehrere Peaks beobachtet werden. Drei (AOH) bzw. zwei (AME) davon waren nicht in den jeweiligen Kontrollinkubationen ohne PAPS präsent.

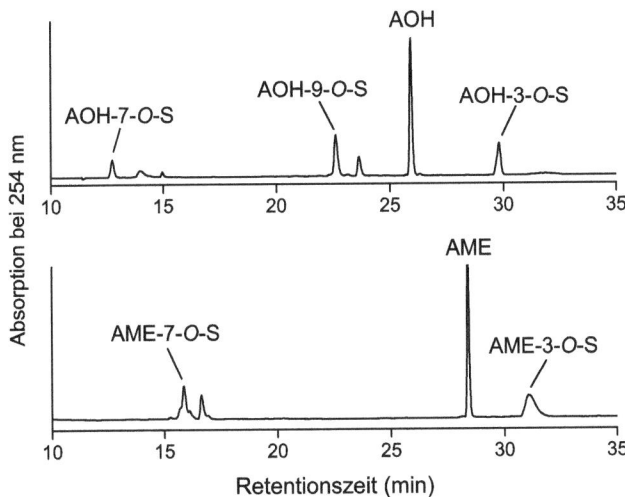

Abb. 3.2: HPLC-UV Analyse (mit TBAP zur Ionenpaarbildung) der Sulfate von AOH (oben) und AME (unten) aus Inkubationen der Toxine mit Rattenlebercytosol und PAPS. Die tentative Zuordnung basiert auf Analogien zu den Glucuroniden und wird im Text näher beschrieben. S, Sulfat

Die Inkubation der Reaktionsgemische mit Sulfatase aus *Aerobacter aerogenes* führte zu einer deutlichen Verringerung der Peakflächen bei gleichzeitiger Zunahme des entsprechenden Aglykons. Des Weiteren resultierten aus der LC-DAD-MS Analyse mit Elektrosprayionisation (ESI) im Negativmodus die [M-H]-Ionen mit m/z 337 bzw. 351, welche Monosulfaten von AOH bzw. AME entsprechen. Als weitere Hauptfragmente waren die [M-Sulfat]-Ionen (m/z 257 bzw. 271) auszumachen.

Die genaue Lokalisation der eingeführten Sulfatgruppen konnte bisher nicht zweifelsfrei bestimmt werden. Basierend auf Analogien zu den jeweiligen Glucuroniden (Pfeiffer et al., 2009b) wird jedoch eine tentative Zuordnung vorgeschlagen: Die beiden polaren Sulfate (Retentionszeiten bei 12,5 min für AOH bzw. 15,9 min für AME) sind höchstwahrscheinlich an Position 7 konjugiert, da der Verlust der Wasserstoffbrückenbindung zwischen der Carbonylgruppe in Position 6 und der Hydroxygruppe an C-7 wie bereits erwähnt in einer deutlichen Erhöhung der Polarität resultiert (Pfeiffer et al., 2009b). Für AME ist daneben nur die Konjugation in Position 3 möglich. Daher handelt es sich bei den beiden unpolaren Sulfaten, die nach 29,8 min (AOH) bzw. 31,0 min (AME) eluieren, vermutlich um die 3-O-Sulfate. Folglich ist anzunehmen, dass der mittlere Peak bei AOH (Retentionszeit 22,7 min) dem 9-O-Sulfat entspricht.

3.1.2 Metabolismus von AOH und AME in Caco-2 Zellen

Zur Identifizierung der in Caco-2 Zellen gebildeten Konjugate wurden die Zellen zunächst in 6-Well Platten kultiviert und nach 21-tägiger Differenzierung mit AOH bzw. AME inkubiert. Das Medium wurde dann zu verschiedenen Zeitpunkten mittels LC-DAD-MS analysiert und die Konzentrationen der Muttersubstanzen, der Glucuronide und der Sulfate bestimmt. Die Differenzierung zwischen freier und konjugierter Substanz in den Zellen erfolgte nach Zelllyse und Ethylacetat-Extraktion. Hierzu wurde ein Teil des Zelllysats direkt extrahiert, während weitere Aliquots mit β-Glucuronidase bzw. Sulfatase inkubiert und dann ebenfalls extrahiert wurden (vgl. 5.8). Anschließend erfolgte die Quantifizierung der Aglyka mittels HPLC und UV-Detektion.

In Abb. 3.3 sind repräsentative LC-DAD-MS-Profile nach Inkubation der Caco-2 Zellen mit AOH (oben) und AME (unten) dargestellt. Die Zuordnung der Metaboliten erfolgte durch den Vergleich mit Referenzsubstanzen (vgl. 3.1.1).

Bei der LC-DAD-MS Analyse waren die [M-H]-Ionen (m/z 337 bzw. 351) sowie die [M-Sulfat]-Ionen (m/z 271 bzw. 257) der Monosulfate detektierbar. Die Umkehrung der Elutionsreihenfolge ist dabei auf die Abwesenheit von TBAP zurückzuführen, welches bei der MS Analyse ein zu hohes Untergrundsignal erzeugt hätte und dem Fließmittel daher nicht zugesetzt wurde.

3.1. In vitro-Resorption von AOH und AME: Das Caco-2 Millicell System

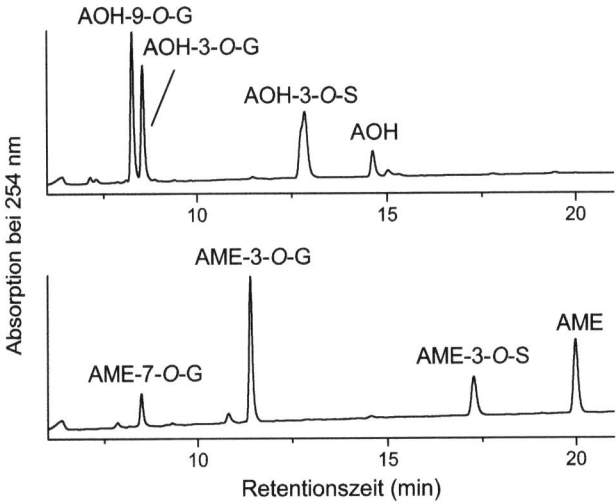

Abb. 3.3: LC-DAD-MS Analyse (ohne TBAP zur Ionenpaarbildung) des Kulturmediums nach zweistündiger Inkubation von Caco-2 Zellen mit 20 µM AOH (oben) bzw. AME (unten). Die Zuordnung der Glucuronide und Sulfate erfolgte durch den Vergleich mit Referenzsubstanzen (vgl. 3.1.1). G, Glucuronid; S, Sulfat

Die HPLC-UV Analyse unter gleichen Bedingungen wie für die Inkubationen mit Rattenlebercytosol (d.h. mit TBAP als Reagenz zur Ionenpaarbildung) ergab, dass AOH und AME von den Caco-2 Zellen nur zu den 3-O-Sulfaten umgesetzt werden.

Die Glucuronidierung von AOH erfolgte in etwa gleichem Ausmaß an den Positionen 3 und 9, AME hingegen wurde bevorzugt zu AME-3-O-Glucuronid metabolisiert (Abb. 3.3). Durch Behandlung des Kulturmediums mit β-Glucuronidase bzw. Sulfatase verschwanden entweder die Peaks der Glucuronide oder die der Sulfate. Nach Kombination der beiden Enzyme konnte nur noch das jeweilige Aglykon detektiert werden.

Nach der Inkubation für 1 h bzw. 3 h waren qualitativ die gleichen Konjugate zu beobachten (Tab. 3.1). Die Konzentration der Aglyka im Medium sank dabei zeitabhängig, während die der Glucuronide und Sulfate zunahm.

Kapitel 3. Ergebnis und Diskussion

Tab. 3.1: Gehalte der Aglyka sowie der konjugierten Metaboliten in Medium und Zelllysat von Caco-2 Zellen nach Inkubation mit 20 µM AOH bzw. AME für 1 h, 2 h und 3 h. Die Werte entsprechen nmol Substanz und sind dargestellt als Mittelwert, ± Standardabweichungen (SA) aus je vier (Medium) bzw. ± halbe Schwankungsbreiten aus je zwei (Zelllysat) unabhängigen Experimenten. nd, nicht detektierbar

Substanz	Medium nach			Zelllysat nach		
	1 h	2 h	3 h	1 h	2 h	3 h
AOH	6,8 ± 1,9	2,9 ± 0,8	1,1 ± 0,6	8,7 ± 2,1	5,2 ± 1,5	1,9 ± 1,2
AOH G^a	5,2 ± 1,9	11,9 ± 1,0	17,1 ± 1,7	0,3 ± 0	0,3 ± 0,1	0,4 ± 0,2
AOH S^b	3,1 ± 1,3	5,9 ± 2,6	8,2 ± 3,5	0,5 ± 0,1	0,5 ± 0,3	0,5 ± 0,3
AME	9,8 ± 0,9	4,9 ± 1,1	2,3 ± 0,3	6,1 ± 0,8	6,0 ± 0,9	2,9 ± 0,8
AME G^c	3,4 ± 0,5	7,3 ± 0,8	12,3 ± 1,7	0,4 ± 0,1	0,3 ± 0,3	0,3 ± 0,1
AME S	nd	1,3 ± 0,9	2,5 ± 1,7	0,5 ± 0,2	0,2 ± 0,2	0,9 ± 1,2

^{a}Summe AOH-3-O-Glucuronid und AOH-9-O-Glucuronid
^{b}3-O-Sulfat
^{c}Summe AME-3-O-Glucuronid und AME-7-O-Glucuronid

AOH schien etwas schneller aufgenommen und auch rascher konjugiert zu werden. Dies zeigt sich darin, dass die intrazelluläre AOH-Konzentration im Vergleich zu AME nach 1 h deutlich höher war und im Zeitverlauf schneller abnahm. Im Medium waren des Weiteren zu jedem Zeitpunkt größere Stoffmengen der AOH-Konjugate nachweisbar. Im Zelllysat konnten insgesamt nur sehr geringe Mengen der Konjugate detektiert werden. Dies deutet auf einen effektiven und schnellen Transport der konjugierten Metaboliten aus den Zellen hin.

3.1.3 AOH und AME im Caco-2 Millicell System

Caco-2 Zellen wurden in 24-Well Millicell® Platten nach 21-tägiger Differenzierung von der apikalen Seite mit 10-40 µM AOH bzw. AME inkubiert und die Konzentration der Muttersubstanzen sowie der Konjugate im basolateralen Kompartiment nach 0,5-3 h mittels LC-DAD-MS bestimmt. Die Überprüfung der Integrität jedes Monolayers erfolgte durch einstündige Nachinkubation mit LY (vgl. 5.9.2).

In Abb. 3.4 ist der Zeitverlauf der Konzentrationen von AOH (obere Graphen) bzw. AME (untere Graphen) und den jeweiligen Konjugaten dargestellt.

3.1. *In vitro*-Resorption von AOH und AME: Das Caco-2 Millicell System

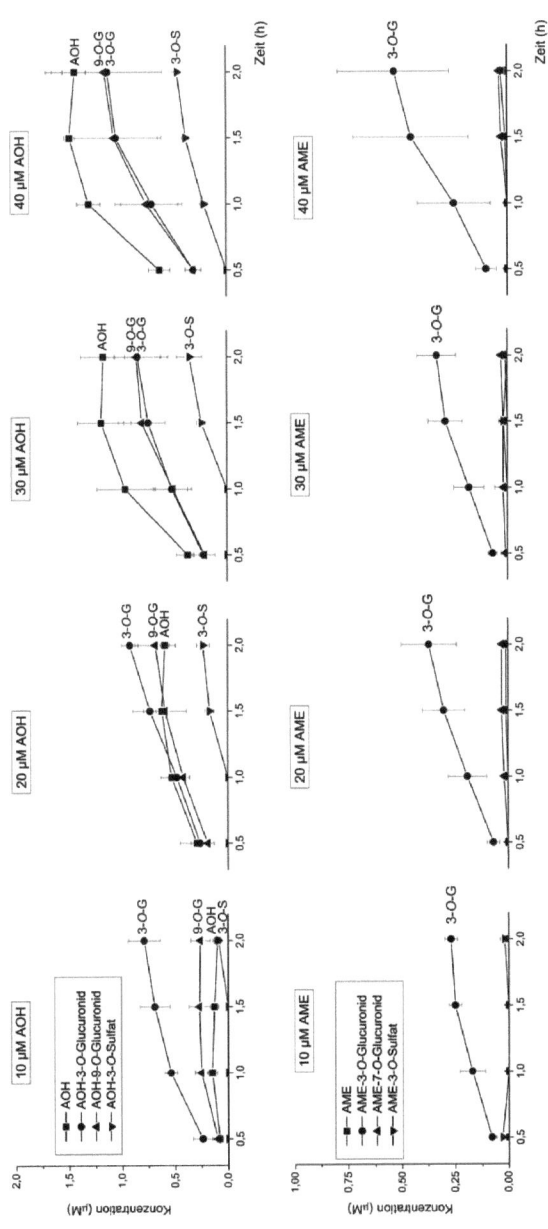

Abb. 3.4: Zeitverlauf der basolateralen Konzentrationen der Aglyka und der konjugierten Metaboliten nach apikaler Inkubation mit 10-40 µM AOH (obere Graphen) bzw. AME (untere Graphen). Dargestellt sind die Mittelwerte und SA aus je drei unabhängigen Experimenten.

Kapitel 3. Ergebnis und Diskussion

Für AOH war eine zeitabhängige Zunahme des Aglykons und der Konjugate im basolateralen Kompartiment zu beobachten. Bei Konzentrationen $\geq 20\,\mu M$ entstanden dabei etwa gleiche Mengen der beiden Glucuronide. Die Bildung des AOH-3-O-Sulfats schien verzögert; es konnte erst nach 1,5 h in geringen Mengen detektiert werden. Nach Inkubation mit $10\,\mu M$ AOH wurde das 3-O-Glucuronid bevorzugt gebildet, während AOH-3-O-Sulfat erst nach 2 h in Spuren nachzuweisen war.

Mit steigender Inkubationskonzentration nahm auch die Menge des in das basolaterale Kompartiment abgegebenen Aglykons zu, wobei im Zeitverlauf jeweils ein Plateau erreicht wurde (Abb. 3.4). Dies ist als Indiz dafür zu werten, dass AOH hauptsächlich entlang seines Konzentrationsgradienten in das basolaterale Kompartiment gelangt. Demnach könnten passive oder erleichterte Diffusion einen wichtigen Beitrag zum Durchtritt von AOH durch den Caco-2 Monolayer leisten. Auf Grund des fehlenden Durchflusses entspricht das Millicell® zwar nicht der realen Situation, wie bereits erwähnt beschreiben verschiedene Studien jedoch eine gute Korrelation zwischen Caco-2 Transwell-Modellen und *in vivo*-Daten zur intestinalen Resorption zahlreicher Verbindungen (Artursson und Karlsson, 1991; Yee, 1997).

Bei der Inkubation der Caco-2 Zellen mit AME war als Hauptmetabolit AME-3-O-Glucuronid auszumachen; daneben konnten Spuren des 7-O-Glucuronids und des 3-O-Sulfats detektiert werden. Im Gegensatz zu AOH erreichte AME das basolaterale Kompartiment nicht in Form des Aglykons (Abb. 3.4). Denkbar wäre, dass AME auf Grund seiner höheren Lipophilie bevorzugt in den Membranen, beispielsweise des Endoplasmatischen Retikulums, lokalisiert ist und demnach die tatsächliche intrazelluläre freie AME-Konzentration niedrig ist. Durch den schwach ausgeprägte Konzentrationsgradient zwischen Innen- und Außenseite der basolateralen Zellmembran wäre das Ausmaß der passiven und/oder erleichterten Diffusion demnach stark vermindert. Um diese Aussage zu belegen, müsste zunächst eine verstärkte Lokalisation von AME in den Membranen beispielsweise durch eine Zellfraktionierung mit anschließender Quantifizierung von AME (und AOH) in den einzelnen Fraktionen gezeigt werden.

Die Verteilung der Aklyka und der Konjugate in beiden Kompartimenten nach dreistündiger Inkubation ist in Abb. 3.5 dargestellt. Für AOH zeigte sich dabei, dass unabhängig von der eingesetzten Konzentration 23-26% der apikal applizierten Substanz das basolaterale Kompartiment in Form des Aglykons und der bereits beschriebenen Konjugate erreichten. Im Gegensatz dazu gelangten insgesamt nur 3-7% des applizierten AMEs, fast ausschließlich als AME-3-O-Glucuronid, auf die basolaterale Seite.

3.1. In vitro-Resorption von AOH und AME: Das Caco-2 Millicell System

Interessanterweise wurden die Konjugate von AOH und AME auch zur apikalen Seite hin abgegeben. Nach dreistündiger Inkubation konnten etwa gleiche Mengen der beiden Glucuronide, aber hauptsächlich AOH-3-O-Sulfat, im apikalen Kompartiment nachgewiesen werden (Abb. 3.5). Insgesamt ist zu erkennen, dass die Glucuronide von AOH zu etwa gleichen Teilen auf beiden Seiten vorliegen, während AOH-3-O-Sulfat präferenziell in das apikale Kompartiment transportiert wird (Abb. 3.4 und 3.5).

Während basolateral fast ausschließlich AME-3-O-Glucuronid nachzuweisen war, konnten im apikalen Kompartiment nach dreistündiger Inkubation auch beträchtliche Mengen des 7-O-Glucuronids detektiert werden. Bei einer Anfangskonzentration von $\geq 20\,\mu$M wurde zudem AME-3-O-Sulfat in das apikale Kompartiment abgegeben (Abb. 3.5). AME-3-O-Glucuronid wird demnach bevorzugt, AME-7-O-Glucuronid und AME-3-O-Sulfat hingegen ausschließlich zur luminalen Seite hin abgegeben (Abb. 3.4 und 3.5).

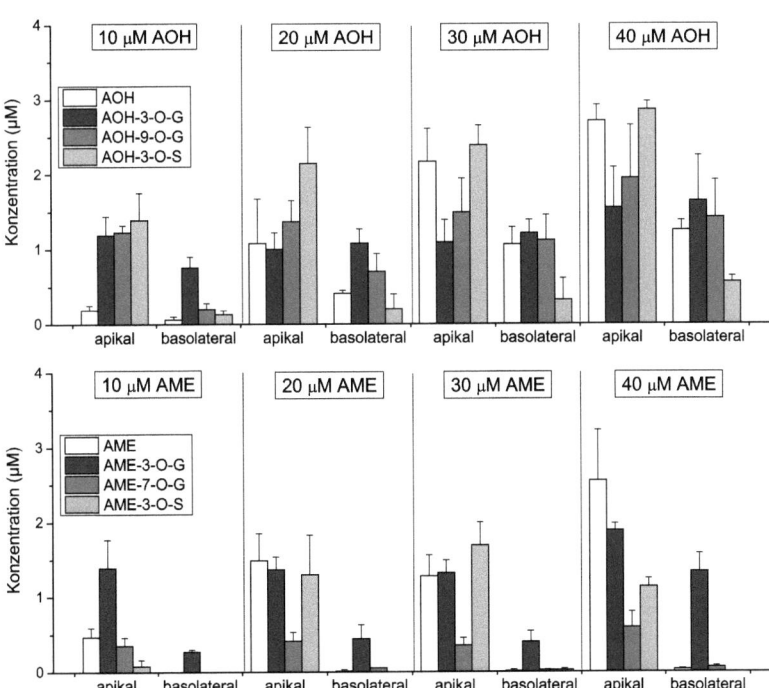

Abb. 3.5: Apikale und basolaterale Konzentrationen der Agklyka und der Konjugate nach dreistündiger apikaler Inkubation mit 10-40 µM AOH (oben) bzw. AME (unten). Dargestellt sind die Mittelwerte und SA aus je drei unabhängigen Experimenten.

Kapitel 3. Ergebnis und Diskussion

Der präferenzielle Transport einiger Konjugate in das apikale Kompartiment, welcher insbesondere für die AME-Konjugate zu beobachten war, könnte durch Efflux-Proteine wie MRP-2 oder P-gp vermittelt werden. Eine Beteiligung dieser Carrier ist dadurch zu erkennen, dass der Transport von basolateral nach apikal stärker ausgeprägt ist als in die andere Richtung. Beispielsweise wird das Mykotoxin Ochratoxin A im Caco-2 Zellmodell bevorzugt von basolateral nach apikal transportiert, wobei die Beteiligung von MRP-2 durch den Einsatz spezifischer Inhibitoren nachgewiesen werden konnte (Berger et al., 2003).

Im Rahmen der vorliegenden Arbeit wurden basolaterale Inkubationen mit 20 µM AOH bzw. AME durchgeführt. Der Vergleich der Konzentrationen in beiden Kompartimenten nach dreistündiger apikaler bzw. basolateraler Inkubation ist in Abb. 3.6 dargestellt.

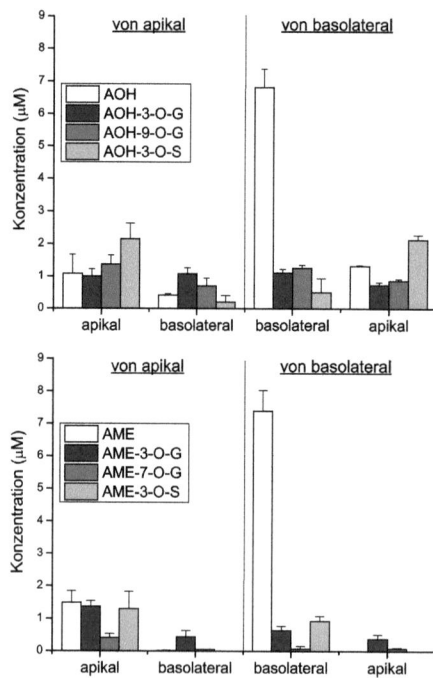

Abb. 3.6: Apikale und basolaterale Konzentrationen der Agklyka und der Konjugate nach dreistündiger Inkubation mit 20 µM AOH (oben) bzw. AME (unten). Die Inkubation erfolgte entweder von der apikalen oder von der basolateralen Seite. Dargestellt sind die Mittelwerte und SA aus je drei unabhängigen Experimenten.

3.1. *In vitro*-Resorption von AOH und AME: Das Caco-2 Millicell System

Es ist zu erkennen, dass beide Toxine von der basolateralen Seite deutlich langsamer aufgenommen werden. So ist beispielsweise die Konzentration der Muttersubstanzen im Donor-Kompartiment verglichen mit der apikalen Inkubation etwa um das 7-fache höher. Dies könnte darauf hindeuten, dass aktive Transporter in der apikalen Membran an der Aufnahme von AOH beteiligt sind. Wahrscheinlicher ist jedoch, dass die geringere Oberfläche der basolateralen Membran die Aufnahme limitiert.

AOH-3-*O*-Sulfat wurde, unabhängig von welcher Seite die Inkubation erfolgte, bevorzugt in das apikale Kompartiment transportiert (Abb. 3.6). Zudem waren die Konzentrationen der apikal detektierten Konjugate unabhängig vom Donor-Kompartiment. Der Transport der Muttersubstanz schien von basolateral nach apikal höher zu sein als umgekehrt, ein ausgeprägter Efflux von AOH war jedoch nicht zu beobachten.

Bei der Inkubation mit AME zeigte sich interessanterweise, dass der Großteil der Konjugate in das jeweilige Donor-Kompartiment abgegeben wurde (Abb. 3.6). Dies war insbesondere für AME-3-*O*-Sulfat der Fall. AME gelangte nach basolateraler Inkubation nicht in unkonjugierter Form in das apikale Kompartiment. Demnach ist eine Beteiligung von Efflux-Proteinen im Caco-2 Modell für AME und seine Konjugate weitestgehend auszuschließen.

Zusammenfassend ist festzuhalten, dass AOH im Vergleich zu AME deutlich schneller in die Zellen aufgenommen und dort in größerem Ausmaß konjugiert wird. Die Barrierefunktion der Efflux-Proteine scheint für beide Toxine nicht relevant zu sein.

3.1.4 Permeabilitätskoeffizienten von AOH und AME

Der scheinbare Permeabilitätskoeffizient (P_{app}) gibt die Stoffmenge einer Substanz an, die pro Zeit- und Flächeneinheit bei apikaler Inkubation in das basolaterale Kompartiment gelangt, und ist demnach ein Maß für die Resorption einer Substanz (Artursson und Karlsson, 1991). Die Herleitung der Formel zur Berechnung des Permeabilitätskoeffizienten ist in Abschnitt 5.9.3 zu finden.

Zur Bestimmung der P_{app}-Werte wurden Caco-2 Monolayer im 24-Well Millicell® System mit 20 µM AOH bzw. AME von der apikalen Seite für 1-6 h inkubiert und die Konzentrationen der Muttersubstanzen und der Konjugate im basolateralen Kompartiment bestimmt. Die ermittelten Werte waren vergleichbar zu den im vorangegangenen Abschnitt beschriebenen, zusätzlich konnte jedoch AME-3-*O*-Sulfat nachgewiesen werden (Tab. 3.2).

Kapitel 3. Ergebnis und Diskussion

Die Berechnung der P_{app}-Werte nach Inkubationszeiten von 1-6 h erfolgte sowohl für das Aglykon alleine als auch für die Summe aus Aglykon und Konjugaten. Für AOH waren beide P_{app}-Werte nach einer Stunde am höchsten und es konnte eine zeitabhängige Abnahme beobachtet werden. Dies deutet darauf hin, dass AOH schnell aufgenommen und konjugiert wird und sowohl in Form des Aglykons als auch konjugiert durch die basolaterale Membran permeieren kann.

Tab. 3.2: Konzentrationen im basolateralen Kompartiment und P_{app}-Werte, ermittelt nach apikaler Inkubation mit 20 µM AOH bzw. AME für 1-6 h. Die Werte sind Mittelwerte ± SA aus je drei unabhängigen Experimenten. „Gesamt" entspricht der Summe aus Aglykon und allen konjugierten Metaboliten. nd, nicht detektierbar

		Basolaterale Konzentration (µM)		P_{app} (cm·s^{-1}·10^{-6})	
		Unkonjugiert	Gesamt	Unkonjugiert	Gesamt
AOH	1 h	0,5 ± 0,2	2,2 ± 0,4	8,1 ± 2,6	34,9 ± 5,6
	2 h	0,8 ± 0,3	3,3 ± 0,8	6,4 ± 2,8	26,4 ± 6,4
	3 h	0,5 ± 0,7	3,4 ± 0,9	2,8 ± 3,6	18,0 ± 4,8
	6 h	0,4 ± 0,3	3,6 ± 0,7	1,0 ± 0,7	9,6 ± 1,8
AME	1 h	nd	0,6 ± 0,3	0	10,3 ± 4,9
	2 h	nd	1,2 ± 0,5	0	9,5 ± 4,3
	3 h	nd	2,2 ± 0,4	0	11,4 ± 2,1
	6 h	nd	4,5 ± 1,0	0	11,9 ± 2,5

Die rasche Konjugation von AOH war bereits bei der Bestimmung der kinetischen Daten zu beobachten, als nach 0,5 h und 1 h beträchtliche Mengen der beiden Glucuronide auf der basolateralen Seite detektiert werden konnten (vgl. Abb. 3.4). Die P_{app}-Werte, die zwischen $1·10^6$ und $35·10^6$ liegen, lassen nach Yee (1997) eine gute und rasche intestinale Resorption erwarten (vgl. Tab. 1.2), wobei AOH das Pfortaderblut sowohl in freier als auch in konjugierter Form erreicht.

Für AME weisen die niedrigen und zeitunabhängigen P_{app}-Werte (Tab. 3.2) gemeinsam mit dem langsamen, beinahe linearen Anstieg des 3-O-Glucuronids im basolateralen Kompartiment (vgl. Abb. 3.4) auf eine verzögerte Aufnahme und Konjugation hin. Da keine unkonjugierte Substanz in das basolaterale Kompartiment gelangt, ist die intestinale Resorption von AME vermutlich gering. Aus diesem Grund besitzen AOH und AME vermutlich unterschiedliche Zielorgane. Während AME vorwiegend lokal im Gastrointestinaltrakt von Bedeutung sein dürfte, kann AOH im gesamten Organismus verteilt werden und daher auch systemisch wirken.

Allerdings ist bisher nicht bekannt, welche Konzentrationen bei der Exposition mit AOH oder AME im Gastrointestinaltrakt, im Plasma und in den Geweben *in vivo* erreicht werden können.

3.2 Oxidativer Metabolismus der *Alternaria*-Toxine

Zur Untersuchung des oxidativen Metabolismus wurde neben AOH und AME auch ALT und dessen Stereoisomer isoALT eingesetzt. AOH und AME besitzen je vier, ALT und isoALT je zwei freie aromatische C-Atome, die potentielle Angriffspunkte für CYP-Enzyme darstellen (Abb. 3.7).

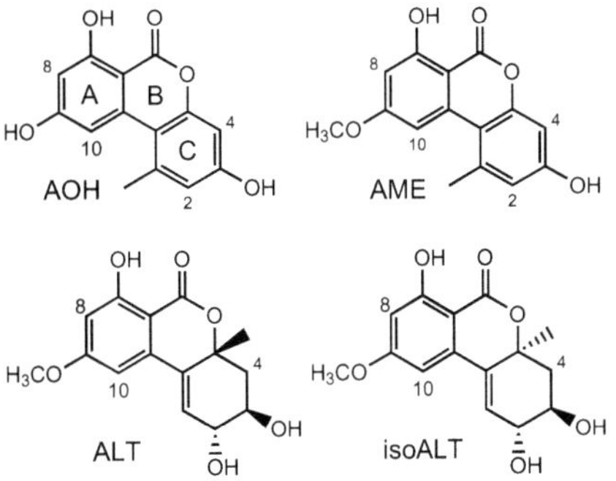

Abb. 3.7: Strukturformeln von AOH, AME, ALT und isoALT. Die nummerierten Kohlenstoffatome markieren mögliche Positionen für CYP-katalysierte Hydroxylierung.

Die CYP-vermittelte Hydroxylierung der vier Verbindungen wurde kürzlich anhand von Inkubation mit Lebermikrosomen von Ratte, Schwein und Mensch untersucht (Pfeiffer et al., 2007b, 2009a). Durch Strukturaufklärung mittels GC-MS waren für AOH und AME je vier, für ALT und isoALT je zwei aromatisch hydroxylierte Metaboliten auszumachen. ALT und isoALT wurden zudem am aliphatischen C-4 oxidiert (Pfeiffer et al., 2009a).

Die Metabolitenprofile variierten je nach Spezies und Substanz. AOH wurde mit Lebermikrosomen männlicher SD-Ratten hauptsächlich an Position 10 hydroxyliert, während dieser Metabolit nach Inkubation mit Lebermikrosomen von Schwein und Mensch nur in geringen Mengen nachweisbar war (Pfeiffer et al., 2007b). Dort entstanden 2- und 4-Hydroxy (HO) -AOH in annähernd ausgeglichenem Verhältnis.

Kapitel 3. Ergebnis und Diskussion

AME wurde mit Ratten- und Schweinelebermikrosomen bevorzugt zu 8-HO-AME umgesetzt. Hauptmetabolit mit humanen Lebermikrosomen war hingegen 2-HO-AME (Pfeiffer et al., 2007b). Die Hydroxylierung von ALT und isoALT erfolgte speziesunabhängig überwiegend an C-8. Daneben machten 4- und 10-HO-(iso)ALT jeweils weniger als 15% der Gesamtmetabolitenmenge aus (Pfeiffer et al., 2009a)

In der vorliegenden Arbeit sollte untersucht werden, welche humanen CYP-Isoformen an der Hydroxylierung von AOH, AME, ALT und isoALT beteiligt sind. Dazu wurde eine Reihe hepatischer und extrahepatischer Isoenzyme getestet, welche in Form von Mikrosomen transfizierter Sf9-Insektenzellen (Supersomen®, vgl. 5.2.1.2) käuflich zu erwerben sind.

Die Konjugation von AOH und AME im zellulären System ist bereits für HT29 Zellen beschrieben (Pfeiffer et al., 2007a) und konnte in dieser Arbeit für Caco-2 Zellen gezeigt werden (vgl. 3.1.3). Da diese beiden Zelllinien keine CYP-Aktivität aufweisen, kann bisher keine Aussage darüber gemacht werden, ob oxidativer Metabolismus von AOH und AME im zellulären System generell und speziell in Anwesenheit aktiver Phase II-Enzyme stattfindet. Aus diesem Grund sollte in der vorliegenden Arbeit das *in vitro*-Modell der Präzisionsgewebeschnitte herangezogen werden, welches die Aktivität von CYP- und Phase II-Enzymen vereint (Parrish et al., 1995). Ziel war es zu untersuchen, ob der oxidative Metabolismus von AOH und AME in diesem System trotz aktiver UGT und SULT relevant ist.

3.2.1 Oxidation durch humane rekombinante CYP-Enzyme

Die verwendeten Supersomen® beinhalten die gängigsten hepatischen CYP-Isoformen (1A2, 2A6, 2C8, 2C9, 2C19, 2D6, 3A4 und 3A5) sowie extrahepatische Isoenzyme wie CYP1A1 und 1B1, welche in der Lunge, der Speiseröhre und in hormonabhängigen Geweben aktiv sind (Bieche et al., 2007). Zusätzlich wurden gepoolte humane Lebermikrosomen (HLM) aus den Lebern von 30 Spendern eingesetzt (vgl 5.2.1).

Substratkonzentration und Inkubationszeit für eine lineare Produktbildung ergaben sich aus den beiliegenden Datenblättern. Nach Ende der Inkubation wurden die Proben extrahiert und mittels HPLC-DAD analysiert. Die Zuordnung der Metaboliten erfolgte durch Vergleich mit mikrosomalen Umsetzungen, die analog zu früheren Arbeiten durchgeführt wurden (Pfeiffer et al., 2007b, 2009a). Aus dem Gesamtumsatz zu den hydroxylierten Metaboliten konnte die Aktivität als $pmol \cdot (min \cdot nmol\ CYP)^{-1}$ berechnet werden.

3.2.1.1 Hydroxylierung von AOH und AME

In Abb. 3.8 sind exemplarisch die HPLC-Profile der Inkubation von CYP3A4 mit AOH (links) bzw. AME (rechts) dargestellt.

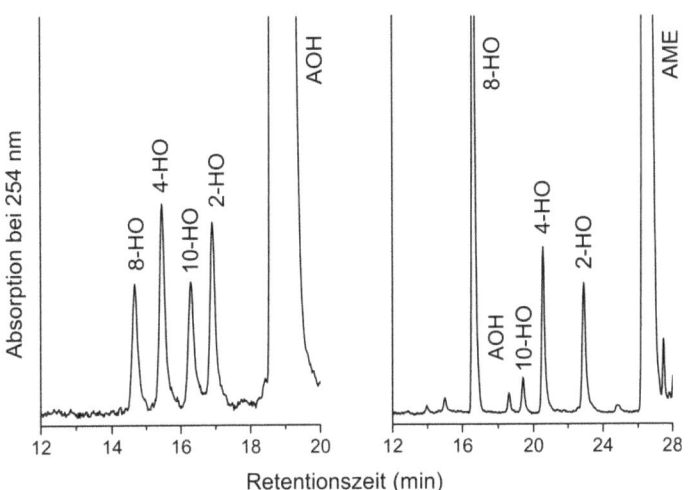

Abb. 3.8: HPLC-Profile der Inkubationen von CYP3A4-Supersomen® (0,25 nmol CYP) mit 50 µM AOH (links) bzw. AME (rechts).

Mit Ausnahme von CYP2C8 und 3A5 waren alle getesteten humanen CYP-Isoformen mehr oder weniger aktiv bezüglich der Hydroxylierung von AOH und AME. Das extrahepatische CYP1A1 wies dabei mit Abstand die höchste Aktivität auf (Tab. 3.3). Unter den hepatischen Isoenzymen war CYP1A2 das Aktivste, gefolgt von CYP3A4.

AOH wurde bevorzugt am C-Ring hydroxyliert, wobei 2-HO-AOH in der Regel gegenüber 4-HO-AOH dominierte. Lediglich CYP2D6, 2E1 und 3A4 bildeten größere Mengen 8-HO-AOH, und nur mit CYP3A4 konnte die Entstehung von 10-HO-AOH beobachtet werden (Tab. 3.3).

Bei der Umsetzung mit HLM wurde erwartungsgemäß hauptsächlich 2-HO-AOH gebildet, gefolgt von 4- und 8-HO-AOH. Dieses Muster lässt sich sehr gut anhand der durchschnittlichen CYP-Zusammensetzung in der humanen Leber erklären. Neben 50% CYP2E1 sind dort je 3-10% CYP1A2, 2A6, 2C8, 2C9 und 3A4 sowie je ca. 2% CYP2B6, 2C19 und 2D6 enthalten (Bieche et al., 2007).

Tab. 3.3: Aktivitäten der humanen CYP-Isoformen und der HLM bezüglich der Hydroxylierung von AOH (links) und AME (rechts) sowie die prozentualen Metabolitenverteilungen. Die Werte der Gesamtaktivitäten sind Mittelwerte ± halbe Schwankungsbreiten aus je zwei unabhängigen Experimenten. Die Inkubationen mit CYP2E1 und 3A5 wurden nur einmal durchgeführt. nd, nicht detektierbar

CYP	Gesamtaktivität[a] für AOH	Metabolitenverteilung AOH (%)					Gesamtaktivität für AME	Metabolitenverteilung AME (%)			
		2-HO	4-HO	8-HO	10-HO			2-HO	4-HO	8-HO	10-HO
1A1	4566 ± 243	80	20	nd	nd		13937 ± 576	59	24	14	3
1A2	2493 ± 289	69	22	9	nd		3086 ± 114	70	28	2	nd
1B1	175 ± 14	50	50	nd	nd		2606 ± 62	89	9	2	nd
2A6	113 ± 25	90	10	nd	nd		109 ± 4	71	7	22	nd
2B6	41 ± 27	100	nd	nd	nd		434 ± 34	17	68	15	nd
2C8	< 6[b]	nd	nd	nd	nd		< 6	nd	nd	nd	nd
2C9	722 ± 124	85	15	nd	nd		102 ± 7	57	24	19	nd
2C19	855 ± 16	92	2	6	nd		3090 ± 87	78	2	20	nd
2D6	221 ± 20	31	38	31	nd		408 ± 24	56	28	16	nd
2E1	283	46	14	40	nd		162	80	nd	20	nd
3A4	599 ± 109	27	32	24	17		4006 ± 101	14	15	68	3
3A5	< 6	nd	nd	nd	nd		350	19	25	49	7
HLM	375 ± 7	77	17	6	nd		977 ± 65	27	18	55	nd

[a] entspricht der Summe aller gebildeten Metaboliten als pmol·(min·nmol CYP)$^{-1}$
[b] Detektionsgrenze, basierend auf der Nachweisbarkeit eines Metaboliten mittels HPLC-DAD

3.2. Oxidativer Metabolismus der *Alternaria*-Toxine

2- und 4-HO-AOH entstehen daher hauptsächlich durch die Aktivität von CYP1A2 mit einem gewissen Beitrag der Isoformen 2A6, 2B6 und 2C9. 8-HO-AOH hingegen wird vor allem durch CYP2E1, 3A4 und 2D6 gebildet, welche eher geringe Aktivität für die Hydroxylierung von AOH aufweisen (Tab. 3.3).

Die mit Abstand höchste Aktivität bei der Hydroxylierung von AME konnte analog zu AOH für CYP1A1 beobachtet werden, gefolgt von CYP3A4, 2C19, 1A2 und 1B1 (Tab. 3.3). Insgesamt war AME für fast alle Isoformen ein deutlich besseres Substrat als AOH. Die Hydroxylierung erfolgte ebenfalls hauptsächlich am C-Ring, wobei 2-HO-AME der dominierende Metabolit war (Tab. 3.3). CYP3A4 hingegen bildete als einzige Isoform hauptsächlich 8-HO-AME. Zusätzlich zu den hydroxylierten Metaboliten entstanden analog zu Pfeiffer et al. (2007b) durch oxidative Demethylierung von AME geringe Mengen AOH.

Bei der Inkubation von HLM mit AME wurde hauptsächlich 8-HO-AME gebildet (Tab. 3.3). Dies ist durch die hohe CYP3A4-Aktivität und die Abwesenheit von CYP1A1 zu erklären. Frühere Befunde, in denen 2-HO-AME der dominierende Metabolit mit HLM war (Pfeiffer et al., 2007b), sind vermutlich darauf zurückzuführen, dass die dort verwendeten Mikrosomen aus der Leber eines einzelnen Spenders stammten.

Vergleich der CYP-Aktivitäten

Die Betrachtung der Gesamtaktivitäten erlaubt gewisse Aussagen über eine mögliche organspezifische Metabolisierung von AOH und AME. In Abb. 3.9 sind die Aktivitäten aller getesteten CYP-Isoenzyme für die vier *Alternaria*-Toxine zusammengefasst.

Die mit Abstand höchste Aktivität für die Hydroxylierung von AOH und AME wies CYP1A1 auf. Eine wichtige Voraussetzung für CYP1A1-Substrate ist deren planare Molekülstruktur (Lewis et al., 1994). Dies ist sowohl für AOH als auch für AME gegeben. CYP1A1 stellt ein ausschließlich extrahepatisches Isoenzym dar, welches hauptsächlich in Lunge, Speiseröhre, Brust, Uterus und Prostata exprimiert wird (Bieche et al., 2007). Da *Alternaria*-Toxine entweder durch die Inhalation der Atemluft in von Schimmel befallenen Räumen oder durch den Verzehr von mit *Alternaria* kontaminierten Lebensmitteln aufgenommen werden können, ist die Exposition von Lungen- und Speiseröhrenepithel mit AOH und AME wahrscheinlich und die Hydroxylierung der Toxine in diesen Geweben denkbar.

Kapitel 3. Ergebnis und Diskussion

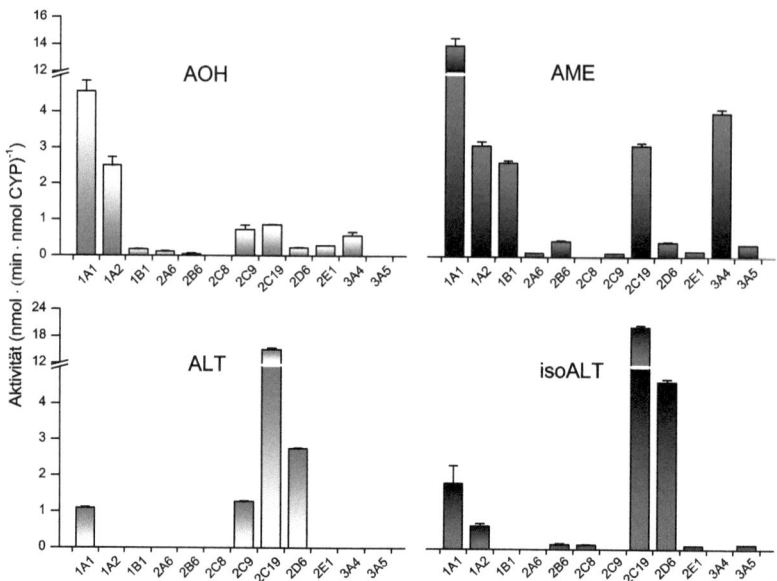

Abb. 3.9: Aktivitäten humaner rekombinanter CYP-Isoenzyme für die Hydroxylierung von AOH, AME, ALT und isoALT. Die Werte entsprechen pmol·(min·nmol CYP)$^{-1}$ und sind Mittelwerte und halbe Schwankungsbreiten aus je zwei unabhängigen Experimenten bzw. die Werte eines Versuchs für CYP2E1 und 3A5.

Auch Brust, Uterus oder Prostata könnten auf Grund der Aktivität von CYP1A1 und 1B1 potentielle Zielgewebe für die Hydroxylierung von AOH und insbesondere von AME sein. Da AME vermutlich schlecht resorbiert wird (vgl. 3.1.4), ist der oxidative Metabolismus jedoch eher in den direkt exponierten Geweben wie Lunge, Speiseröhre und Darm zu erwarten. Im Dünndarm exprimierte Isoformen wie CYP1A2, 3A4 und 2C19 (Bieche et al., 2007) weisen ebenfalls hohe Aktivität für AME und teilweise auch für AOH auf (Abb. 3.9).

Epidemiologische Daten deuten auf eine Beteiligung von *Alternaria*-Toxinen an der Entstehung von Speiseröhrenkrebs in bestimmten Regionen Chinas hin (Liu et al., 1992). Denkbar wäre, dass die Bildung hydroxylierter Metaboliten von AOH und AME auf Grund der CYP1A1- und 1A2-Aktivität des Esophagusepithels (Bieche et al., 2007) dabei eine Rolle spielt. Über den Einfluss des oxidativen Metabolismus auf die Toxizität der *Alternaria*-Toxine ist bisher jedoch nichts bekannt.

3.2.1.2 Hydroxylierung von ALT und isoALT

Während 8 der 14 getesteten CYP-Enzyme keine Aktivität gegenüber ALT zeigten, wurde isoALT lediglich von CYP1B1, 2A6 und 3A4 nicht umgesetzt (Tab. 3.4). Die aktivste Isoform war bei beiden Toxinen CYP2C19, gefolgt von 2C9, 2D6 und 1A1, wobei die Aktivitäten für isoALT jeweils etwas höher lagen als für ALT.

ALT und isoALT wurden fast ausschließlich an Position 8 hydroxyliert. Einige der hepatischen Isoenzyme, darunter CYP1A2, 2B6, 2C8 und 2E1, bildeten außerdem 10-HO-(iso)ALT. Dennoch konnte dieser Metabolit weder für isoALT noch für ALT nach der Inkubation mit HLM nachgewiesen werden (Tab. 3.4).

Vergleich der CYP-Aktivitäten

Bei Betrachtung der Gesamtaktivitäten wird deutlich, dass der oxidative Metabolismus von ALT und isoALT hauptsächlich für den Dünndarm relevant sein dürfte. Dort sind die humanen Isoformen CYP2C19, 2C9 und 2D6 stark exprimiert (Bieche et al., 2007), welche die höchsten Aktivitäten bei der Hydroxylierung von ALT und isoALT aufweisen (Abb. 3.9). Auch in den Ovarien ist CYP2C19 das dominierende Isoenzym (Bieche et al., 2007). Es ist jedoch bisher nicht untersucht, ob und in welchem Ausmaß die intestinale Resorption und damit auch die Verteilung von ALT und isoALT im Organismus zu erwarten ist.

Tab. 3.4: Aktivitäten der humanen CYP-Isoformen und der HLM bezüglich der Hydroxylierung von ALT (links) und isoALT (rechts) sowie die prozentualen Metabolitenverteilungen. Die Werte der Gesamtaktivitäten sind Mittelwerte ± halbe Schwankungsbreiten aus je zwei unabhängigen Experimenten. Die Inkubationen mit CYP2E1 und 3A5 wurden nur einmal durchgeführt. nd, nicht detektierbar

CYP	Gesamtaktivität[a] für ALT	Metabolitenverteilung ALT (%) 4-HO	8-HO	10-HO	Gesamtaktivität für isoALT	Metabolitenverteilung isoALT (%) 4-HO	8-HO	10-HO
1A1	1087 ± 31	nd	100	nd	1813 ± 494	nd	100	nd
1A2	< 10[b]	nd	nd	nd	638 ± 73	nd	59	41
1B1	< 10	nd	nd	nd	< 10	nd	nd	nd
2A6	< 10	nd	nd	nd	< 10	nd	nd	nd
2B6	< 10	nd	nd	nd	133 ± 33	nd	89	11
2C8	< 10	nd	nd	nd	129 ± 9	nd	73	27
2C9	1024 ± 27	nd	100	nd	12543 ± 2330	nd	100	nd
2C19	15011 ± 357	16	84	nd	20286 ± 455	nd	99	1
2D6	2746 ± 21	nd	98	2	4628 ± 88	nd	99	1
2E1	< 10	nd	nd	nd	101	nd	nd	100
3A4	< 10	nd	nd	nd	< 10	nd	nd	nd
3A5	< 10	nd	nd	nd	128	nd	77	23
HLM	238 ± 58	nd	100	nd	1239 ± 30	nd	100	nd

[a] entspricht der Summe der gebildeten Metaboliten als pmol·(min·nmol CYP)$^{-1}$
[b] Detektionsgrenze, basierend auf der Nachweisbarkeit eines Metaboliten mittels HPLC

3.2.2 Metabolismus in Präzisionsgewebeschnitten der Rattenleber

Der erste Schritt bei der Untersuchung des Metabolismus einer Substanz ist die Betrachtung der isolierten Reaktionen mit Hilfe von Zellfraktionen wie Lebermikrosomen oder rekombinanten Enzymen. Dabei können die Strukturen der entstehenden Metaboliten aufgeklärt und die beteiligten Isoenzyme identifiziert werden. Anschließend sollte eine Annäherung an die *in vivo*-Situation erfolgen. Die Verwendung von permanenten und primären Zellen offenbart dabei verschiedene Nachteile. So verfügen diese je nach Zelltyp über unterschiedliche metabolische Fähigkeiten. Außerdem nimmt die CYP-Aktivität in Kultur sehr schnell ab, sodass insbesondere permanente Zelllinien in der Regel keine aktiven CYP-Enzyme exprimieren (Rodriguez-Antona et al., 2002).

Aus diesem Grund haben sich in den vergangenen 20 Jahren Präzisionsgewebeschnitte als ein *in vitro*-Modell für Metabolismusstudien unter *in vivo*-ähnlichen Bedingungen etabliert. Die Vorteile gegenüber permanenten und primären Zellen liegen in der Aufrechterhaltung der Gewebearchitektur, wodurch Zell-Zell- und Zell-Matrix-Kontakte erhalten bleiben. Des Weiteren sind alle am Metabolismus beteiligten Enzyme aktiv und Transportprozesse funktional (de Kanter et al., 2002; Vickers und Fisher, 2004; Ekins, 1996).

Ziel der durchgeführten Versuche war es herauszufinden, ob der oxidative Metabolismus von AOH und AME in einer *in vivo*-ähnlichen Situation trotz aktiver Phase II-Enzyme relevant ist. Dazu wurden Präzisionsgewebeschnitte aus den Lebern männlicher SD-Ratten hergestellt und mit AOH bzw. AME inkubiert. Anschließend wurde das Kulturmedium mittels LC-DAD-MS auf die Anwesenheit oxidativer Metaboliten untersucht.

Nicht nur die Muttersubstanzen, auch die gebildeten hydroxylierten Metaboliten können durch Phase II-Enzyme wie UGT und SULT konjugiert werden. Da es sich bei den hydroxylierten Metaboliten mit Ausnahme von 10-HO-AME um Catechole handelt, ist des Weiteren die Methylierung durch Catechol-*O*-Methyltransferasen (COMT) möglich. Für einige Metaboliten wie z.B. 4-HO-AME konnte dies in früheren Versuchen bereits gezeigt werden (Pfeiffer et al., 2007b). Da jedoch zur Analyse der Gewebeschnitte die Kenntnis aller möglicher Methylierungsprodukte (MP) nötig ist, mussten zunächst Referenzsubstanzen der relevanten Metaboliten generiert und identifiziert werden.

Ein Großteil der in diesem Kapitel beschriebenen Versuche wurde kürzlich publiziert (Burkhardt et al., 2011).

Kapitel 3. Ergebnis und Diskussion

3.2.2.1 Generierung von Referenzsubstanzen

In Abb. 3.10 ist die Methylierung am Beispiel von 2-HO-AOH schematisch dargestellt. Da die Übertragung der Methylgruppe prinzipiell auf beide Hydroxygruppen erfolgen kann, ist für jedes Catechol die Entstehung von zwei MP möglich. 8-HO-AOH, welches eine Pyrogallolstruktur (drei vicinale Hydroxygruppen an einem Aromaten) besitzt, kann theoretisch sogar an drei Positionen methyliert werden.

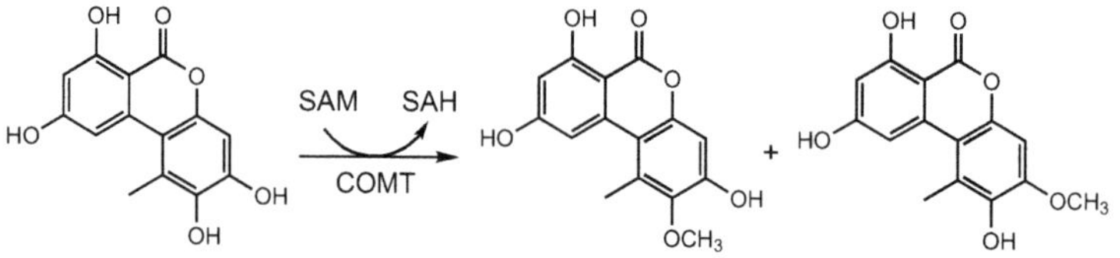

Abb. 3.10: COMT-katalysierte Methylierung von Catecholen am Beispiel von 2-HO-AOH. SAH, S-Adenosyl-L-homocystein; SAM, S-Adenosyl-L-methionin

Referenzsubstanzen der MP wurden durch Inkubation der isolierten Catechole mit Rattenlebercytosol in Anwesenheit des Cofaktors S-Adenosyl-L-methionin (SAM) generiert. Die LC-DAD-MS Analyse ergab je ein oder zwei neue Peaks, die nicht in den Kontrollinkubationen ohne SAM zu sehen waren. Die UV-Spektren der gebildeten Produkte ähnelten denen der hydroxylierten Metaboliten, außerdem konnten bei der massenspektrometrischen Analyse im negativen ESI Modus [M-H]-Ionen der jeweiligen MP (m/z 287 für AOH bzw. m/z 301 für AME) beobachtet werden.

Eine Zusammenfassung der ESI MS^n-Daten der hydroxylierten Metaboliten und der MP ist im Anhang zu finden. Die Massenspektren der hydroxylierten AOH-Metaboliten wiesen [M-H]-Ionen mit nahezu 100% Intensität auf, unterschieden sich jedoch hinsichtlich ihrer MS^2 Tochterionenspektren. Die zugehörigen MP zeigten ebenso wie die hydroxylierten AME-Metaboliten auf MS^2-Ebene (m/z 287) nur ein Fragmention mit m/z 272, welches dem [M-15]-Ion und damit dem Verlust der Methylgruppe entspricht. Sie waren jedoch durch MS^3-Analyse (m/z 287>272) unterscheidbar (vgl. A.1). Die MP der hydroxylierten AME-Metaboliten hingegen zeigten lediglich den Verlust einer Methylgruppe auf MS^2-Ebene (m/z 301) sowie einer weiteren Methylgruppe bei MS^3-Analyse (m/z 301>286) und waren daher auch auf dieser Ebene nicht unterscheidbar (vgl. A.1).

3.2. Oxidativer Metabolismus der *Alternaria*-Toxine

Aussagen über die Lokalisation der eingeführten Methylgruppen waren allein anhand der MS^n-Daten nicht möglich. Retentionszeiten, chromatographische Eigenschaften sowie der Vergleich mit Referenzsubstanzen erlaubten jedoch eine tentative Zuordnung für einige MP, welche im Folgenden näher erläutert wird und in Tab. 3.5 zusammengefasst ist.

Tab. 3.5: Methylierung der oxidativen Metaboliten von AOH und AME: Chromatographische Eigenschaften, Bildungsverhältnisse der MP und Position der eingeführten Methylgruppe. RT, Retentionszeit

Oxidativer Metabolit	RT (min) LC	GC^b	MP	RT (min) LC	GC	Position der Methylgruppe	Verhältnis[a] MP-1/MP-2
2-HO-AOH	11,8	27,2	MP-1	13,1	25,3	C-2 oder C-3[c]	6:1
			MP-2	14,2	27,0		
4-HO-AOH	10,5	23,7	MP-1	12,1	23,6	C-3 oder C-4	1:12
			MP-2	12,6	24,3		
8-HO-AOH	9,5	25,0	MP	12,7	24,7	C-8[d]	
10-HO-AOH	11,3	21,4	MP	13,9	21,2	C-9[e]	
2-HO-AME	16,8	27,5	MP-1	20,3	25,4	C-2 oder C-3	1:1
			MP-2	21,8	27,3		
4-HO-AME	14,9	23,6	MP-1	18,8	23,6	C-3[f]	1:7
			MP-2	19,8	24,3	C-4	
8-HO-AME	11,2	26,0	MP-1	9,5	26,5	C-7[g]	1:5
			MP-2	16,7	25,6	C-8	
10-HO-AME[h]	13,9	21,2					

[a] der Peakflächen (UV-Absorption bei 254 nm)
[b] Trimethylsilyl-Derivate
[c] MP mittels GC-MS² Analyse nicht unterscheidbar
[d] tentative Zuordnung nach dem Ausschlussprinzip
[e] identische LC Retentionszeit und LC-MS²-Daten mit 10-HO-AME
[f] identische Retentionszeiten und MS²-Daten (LC-MS und GC-MS) mit Graphislacton A
[g] höhere Polarität als 8-HO-AME deutet auf Methylierung an C-7 hin
[h] keine Reaktion mit COMT

Das einzige MP von 8-HO-AOH kann die Methylgruppe an Position 7, 8 oder 9 tragen. Die Methylierung an C-7 hätte den Verlust der Wasserstoffbrückenbindung mit der Carbonylgruppe an C-6 zur Folge und würde in einer Erhöhung der Polarität resultieren. Dies konnte bereits bei AME-7-*O*-Glucuronid (Pfeiffer et al., 2009b) sowie bei den 7-*O*-Sulfaten von AOH und AME (vgl. 3.1.1) beobachtet werden.

Durch Methylierung von 8-HO-AOH an C-9 entstünde 8-HO-AME, sodass Retentionszeit und Massenspektren mit dieser Verbindung identisch sein müssten. Da beides nicht der Fall war, ist die eingeführte Methylgruppe höchstwahrscheinlich an Position 8 lokalisiert.

10-HO-AOH kann entweder an C-9 oder an C-10 methyliert werden. Da das einzige detektierbare MP in Retentionszeit und MS^3-Spektrum mit 10-HO-AME übereinstimmte, befindet sich die eingeführte Methylgruppe an Position 9.

4-HO-AME wurde zu zwei MP umgesetzt, die an Position 3 bzw. 4 methyliert sind. MP-1 coeluierte mit der synthetischen Substanz Graphislacton A (3-O-Methyl-4-HO-AME) und ist somit an Position 3 methyliert. MP-2 entspricht folglich 4-Methoxy-AME.

Die beiden MP von 8-HO-AME tragen die Methylgruppe an Position 7 bzw. 8. Da MP-1 eine deutlich höhere Polarität aufwies, ist anzunehmen, dass es sich hierbei um das an C-7 methylierte Produkt handelt. MP-2 entspricht somit 8-Methoxy-AME.

In Abb. 3.11 sind die LC-DAD-MS Profile von Mischungen der hydroxylierten Metaboliten und der jeweiligen MP von AOH (A und B) bzw. AME (C und D) dargestellt.

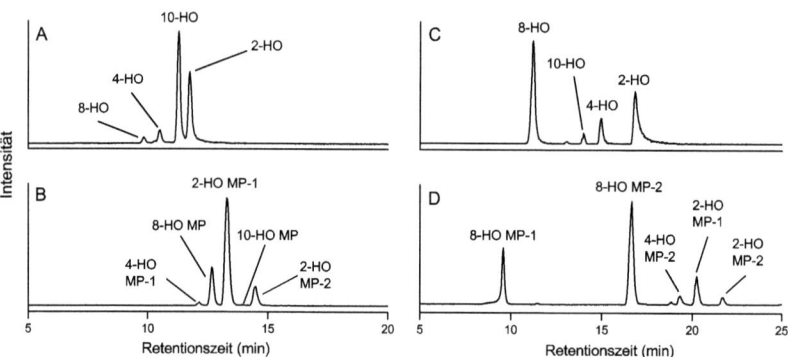

Abb. 3.11: LC-DAD-MS Profile der hydroxylierten Metaboliten von AOH (A) und AME (C) sowie der jeweiligen MP von HO-AOH (B) und HO-AME (D). MS^n Modi: HO-AOH, MS^2 auf m/z 273; MP von HO-AOH, MS^3 auf m/z 287>272; HO-AME, MS^3 auf m/z 287>272; MP von HO-AME, MS^3 auf m/z 301>286

Die Retentionszeiten der entwickelten Methode erlaubten gemeinsam mit den Massenspektren auf unterschiedlichen MS^n-Ebenen die simultane Analyse aller zu erwartenden hydroxylierten Metaboliten und MP von AOH bzw. AME. Daher konnte die Methode zum Nachweis der Metaboliten im Inkubationsmedium von Rattenleberschnitten verwendet werden.

3.2. Oxidativer Metabolismus der *Alternaria*-Toxine

3.2.2.2 Metabolismus von AOH und AME

Die aus den frisch entnommenen Lebern männlicher SD-Ratten präparierten Schnitte wurden mit 50 µM AOH bzw. AME für 24 h inkubiert, wobei je Substanz und Konzentration eine Dreifachbestimmung mit Schnitten aus der Leber eines Versuchstiers erfolgte. Das Kulturmedium wurde nach Inkubationsende mit 0, 1% Ascorbinsäure versetzt, schockgefroren und bis zur Analyse bei $-80°C$ gelagert (vgl. 5.3).

Zur Bestimmung der unkonjugierten Metaboliten wurde ein Aliquot des Inkubationsmediums direkt mit Ethylacetat extrahiert. Nach Behandlung eines weiteren Aliquots mit β-Glucuronidase und Sulfatase und anschließender Extraktion ergab sich die Summe aus freien, glucuronidierten und sulfatierten Metaboliten. Durch Subtraktion dieser beiden Werte konnte der Anteil der konjugierten Metaboliten berechnet werden.

In Tab. 3.6 sind die Gehalte der hydroxylierten Metaboliten und MP aufgelistet, die nach 24-stündiger Inkubation im Medium nachweisbar waren. Es zeigte sich dabei, dass 86% (AOH) bzw. 74% (AME) der Metaboliten konjugiert vorlagen.

AOH wurde hauptsächlich an C-2 und AME an C-8 hydroxyliert. Letzteres spiegelt das bei mikrosomalen Umsetzungen beobachtete Metabolitenverhältnis wieder (Pfeiffer et al., 2007b). Für AOH hingegen wurde durch Einsatz von Lebermikrosomen männlicher SD-Ratten 10-HO-AOH als der dominierende Metabolit identifiziert, welcher jedoch nach Inkubation der Gewebeschnitte nicht nachgewiesen werden konnte (Tab. 3.6). Auf Grund der chemischen Struktur, die sowohl eine Catechol- als auch eine Hydrochinonstruktur an einem aromatischen Ring vereint, ist 10-HO-AOH vermutlich sehr oxidationsanfällig und reaktiv gegenüber Proteinen und anderen Zellbestandteilen. Möglicherweise reagiert dieser Metabolit im zellulären System schnell ab, während er eine 40-minütige Inkubation mit Mikrosomen überdauern kann.

Insgesamt wurde AME in Rattenleberschnitten in deutlich geringerem Ausmaß metabolisiert als AOH; die detektierte Gesamtmetabolitenmenge betrug für AME nur etwa 40% der Summe der AOH-Metaboliten. Dies steht im Widerspruch zu den bestimmten CYP-Aktivitäten, die für AME beträchtlich höher lagen als für AOH (vgl. 3.2.1.1).

Die Erhöhung der AOH-Konzentration auf 100 µM ergab ein qualitativ und quantitativ vergleichbares Metabolitenmuster. Bei Einsatz von 200 µM AOH war ein Rückgang der Metabolitenmenge zu verzeichnen, was möglicherweise auf zytotoxische Effekte und daraus resultierende Verminderung von Enzymaktivitäten zurückzuführen ist.

Tab. 3.6: Gehalte der freien und konjugierten Metaboliten im Kulturmedium nach 24-stündiger Inkubation von Rattenleberschnitten mit 50 μM AOH bzw. AME. Als Konjugate werden die Summe der Glucuronide und Sulfate einer Verbindung bezeichnet. Die Werte entsprechen pmol Metabolit pro mg Gewebe und sind die Mittelwerte ± SA, ermittelt aus je drei Schnitten der Leber eines Versuchstiers. nd, nicht detektierbar (< 0,1)

Metabolit	frei	konjugiert	Metabolit	frei	konjugiert
2-HO-AOH	4,2 ± 7,2	17,4 ± 9,3	2-HO-AME	nd	nd
2-HO-AOH MP-1	11,1 ± 1,7	48,1 ± 4,8	2-HO-AME MP-1	nd	nd
2-HO-AOH MP-2	nd	1,0 ± 0,1	2-HO-AME MP-2	nd	nd
4-HO-AOH	nd	3,7 ± 0,4	4-HO-AME	nd	1,9 ± 0,3
4-HO-AOH MP-1	nd	0,2 ± 0,2	4-HO-AME MP-1	nd	nd
4-HO-AOH MP-2	1,0 ± 0,1	2,8 ± 0,5	4-HO-AME MP-2	4,2 ± 0,9	0,8 ± 0,5
8-HO-AOH	nd	6,7 ± 3,1	8-HO-AME	6,7 ± 4,2	24,1 ± 9,9
8-HO-AOH MP	nd	4,9 ± 4,3	8-HO-AME MP-1	nd	1,4 ± 0,6
10-HO-AOH	nd	1,3 ± 0,2	8-HO-AME MP-2	nd	2,6 ± 0,9
10-HO-AOH MP	nd	nd	10-HO-AME	nd	nd

3.2. Oxidativer Metabolismus der *Alternaria*-Toxine

Die Detektion von mehreren hydroxylierten Metaboliten und deren MP zeigt insgesamt deutlich, dass der oxidative Metabolismus von AOH und AME in einer *in vivo*-ähnlichen Situation in Anwesenheit aktiver Phase II-Enzyme stattfindet. Es ist außerdem offensichtlich, dass die COMT-katalysierte Methylierung eine wichtige Konjugationsreaktion für die hydroxylierten Metaboliten der beiden Toxine darstellt.

Der oxidative Metabolismus von ALT in Präzisionsgewebeschnitten der Rattenleber wurde bereits in einer früheren Arbeit untersucht, wobei jedoch die Leber einer weiblichen SD-Ratte verwendet wurde (Pfeiffer et al., 2009a). Dabei konnten hauptsächlich 8-HO-ALT sowie geringe Mengen von 4- und 10-HO-ALT detektiert werden. Der einzige hydroxylierte Metabolit mit Catecholstruktur, 8-HO-ALT, wurde im Gegensatz zu AOH und AME nicht methyliert (Pfeiffer et al., 2009a).

Wenngleich es sich bei dem verwendeten Gewebe um Leber der Ratte handelte, ist davon auszugehen, dass der oxidative Metabolismus von AOH, AME und ALT auch in der humanen Leber *in vivo* stattfindet. Hierfür müsste jedoch zunächst die Resorption der Toxine im Gastrointestinaltrakt nach dem Verzehr von *Alternaria*-kontaminierten Lebensmitteln erfolgen. Wie im Caco-2 Modell gezeigt werden konnte, ist dies zumindest für AOH zu erwarten (vgl. 3.1).

3.2.2.3 Reaktivität der oxidativen AOH-Metaboliten

Um einen Eindruck von der Reaktivität der hydroxylierten AOH-Metaboliten zu erhalten, wurden Rattenleberschnitte mit AOH für 4 h inkubiert, wobei die Hemmung der COMT durch Coinkubation mit der synthetischen Substanz Ro 41-0960 (2´-Fluoro-3,4-dihydroxy-5-nitrobenzophenon) erfolgte. Dadurch sollte die Methylierung der AOH-Catechole unterdrückt werden.

In Abb. 3.12 sind die Gehalte von 2-HO-AOH und den entsprechenden MP als Summe der freien und konjugierten Metaboliten dargestellt. Da die MP der anderen hydroxylierten Metaboliten nach dieser kurzen Inkubationszeit auch ohne COMT-Inhibierung nur in geringen Mengen ($<$ 5 pmol pro mg Gewebe) nachgewiesen werden konnten, wurde auf deren Darstellung verzichtet.

Kapitel 3. Ergebnis und Diskussion

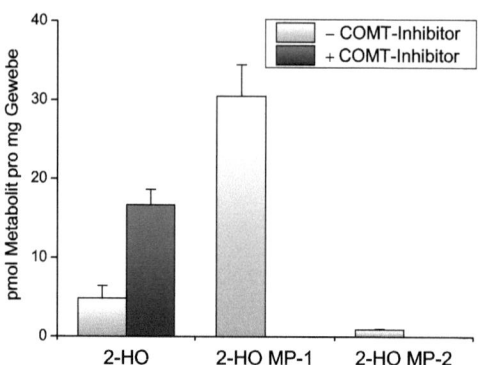

Abb. 3.12: 2-HO-AOH, MP-1 und MP-2 im Kulturmedium von Leberschnitten einer männlichen SD-Ratte nach 4-stündiger Inkubation mit 100 µM AOH bzw. nach Coinkubation mit 20 µM Ro 41-0960 zur Inhibierung der COMT. Die Werte entsprechen pmol Metabolit pro mg Gewebe und sind Mittelwerte und halbe Schwankungsbreiten aus je zwei Leberschnitten eines Versuchstiers.

In Abwesenheit des COMT-Inhibitors konnte hauptsächlich MP-1 zusammen mit geringen Mengen 2-HO-AOH nachgewiesen werden. Der Zusatz von Ro 41-0960 bewirkte wie erwartet die vollständige Unterdrückung der Methylierung (Abb. 3.12). Gleichzeitig nahm der Gehalt des Catechols zu, kompensierte jedoch nicht den kompletten Verlust von MP-1. Dies ist als Indiz für die Reaktivität von 2-HO-AOH zu werten und bedeutet gleichzeitig, dass die Methylierung eine Inaktivierungsreaktion darstellt.

Die Reaktivität der hydroxylierten AOH-Metaboliten deutet sich auch dadurch an, dass 10-HO-AOH – der Hauptmetabolit bei der oxidativen Umsetzung von AOH mit Lebermikrosomen männlicher SD-Ratten – nach der 4-stündigen Inkubation nur in sehr geringen Mengen detektiert werden konnte. Dies ist wahrscheinlich durch die Oxidationsanfälligkeit des Metaboliten zu erklären, wobei das Catechol über das Semichinonradikal zum Chinon oxidiert wird. Dabei können reaktive Sauerstoffspezies entstehen, die oxidativen Stress erzeugen (Salama et al., 2008).

Chinone sind elektrophil und daher reaktiv gegenüber nukleophilen funktionellen Gruppen wie Thiol- oder Aminogruppen, die in großer Zahl in Proteinen zu finden sind. Die Bildung kovalenter Addukte kann unter anderem zur Inaktivierung von Enzymen führen. Gelangen die reaktiven Metaboliten in den Zellkern und addieren an DNA-Basen, kann dies in Mutationen resultieren (Wang et al., 2006; Zahid et al., 2010).

3.3. Resorption und Metabolismus von AOH in der Ratte *in vivo*

Da Catechole bzw. Chinone häufig über Konjugation mit GSH abgefangen werden (Butterworth et al., 1996), sollte die Reaktivität der hydroxylierten AOH-Metaboliten gegenüber GSH im Rahmen dieser Arbeit ebenfalls untersucht werden. Dies ist in Kapitel 3.6 beschrieben.

Insgesamt ist festzuhalten, dass die AOH-Catechole in Leberschnitten eine gewisse Reaktivität aufweisen, die von toxikologischer Relevanz sein könnte. Um dieser Frage nachzugehen, sollten zusätzlich toxikologische Endpunkte untersucht werden. Neben zytotoxischen Effekten wie LDH-Austritt oder MTT-Reduktion könnte der GSH-Gehalt und die Entstehung reaktiver Sauerstoffspezies in Leberschnitten photometrisch bestimmt werden (Parrish et al., 1995). Außerdem wäre der Nachweis von DNA-Strangbrüchen, DNA-Addukten und oxidativen DNA-Schäden denkbar.

3.3 Resorption und Metabolismus von AOH in der Ratte *in vivo*

Die Untersuchungen in Präzisionsgewebeschnitten der Rattenleber ergaben deutliche Hinweise auf die *in vivo*-Relevanz des oxidativen Metabolismus von AOH und AME. Dennoch ersetzt dieses System *in vivo*-Versuche nicht komplett, da nur der Metabolismus in einem bestimmten Gewebe aufgeklärt wird. Außerdem werden die Resorption und die Verteilung der Testsubstanzen im Organismus nicht berücksichtigt.

Ein erster Tierversuch in Kooperation mit dem Institut für Toxikologie der Universität Würzburg sollte die Entstehung oxidativer Metaboliten in der Ratte *in vivo* bestätigen sowie erste Informationen bezüglich der Toxikokinetik von AOH liefern. Die Ergebnisse dieses Experiments wurden kürzlich publiziert (Burkhardt et al., 2011) und werden im Folgenden kurz zusammengefasst.

Zwei männliche SD-Ratten wurden anästhesiert und mit Gallengang-Kanülen versehen. Anschließend erfolgte die Verabreichung von je 2 mg AOH per Schlundsonde. Von 0,5 h vor bis 4,5 h nach der Gabe wurde die Gallenflüssigkeit in Fraktionen zu je 30 min gesammelt und in unserem Labor in Karlsruhe mittels GC-MS auf die Anwesenheit der oxidativen AOH-Metaboliten und der entsprechenden MP untersucht. Die Quantifizierung von AOH in den einzelnen Fraktionen sollte zusätzlich erste Aussagen über den zeitlichen Verlauf der biliären AOH-Exkretion ermöglichen.

Kapitel 3. Ergebnis und Diskussion

Analog zur LC-DAD-MS Analyse (vgl. 3.2.2.1) wurden zunächst Referenzsubstanzen der hydroxylierten Metaboliten und der entsprechenden MP zur Entwicklung einer geeigneten Methode untersucht. Dazu erfolgte die GC-MS Analyse der Proben nach Derivatisierung durch Trimethylsilylierung im Dual-MS^2 Modus. Dies entspricht der simultanen Analyse der Ionen mit m/z 547 (trimethylsilylierte AOH-Catechole) und m/z 489 (trimethylsilylierte MP). Anhand dieser Methode konnten alle relevanten Metaboliten in einem Lauf nachgewiesen werden. Da insbesondere die Massenspektren der MP auf der MS^2-Ebene nicht unterscheidbar waren, erfolgte die Zuordnung der Metaboliten hauptsächlich anhand der Retentionszeiten. Die Fragmentionen nach MS^2-Analyse und die jeweiligen relativen Intensitäten sind in Anhang A.2 zu finden.

In Abb. 3.13 sind die GC-Chromatogramme einer Mischung der oxidativen Metaboliten und einiger MP (oben) sowie des Extrakts der Gallenflüssigkeit 1-1,5 h nach AOH-Gabe (unten) dargestellt.

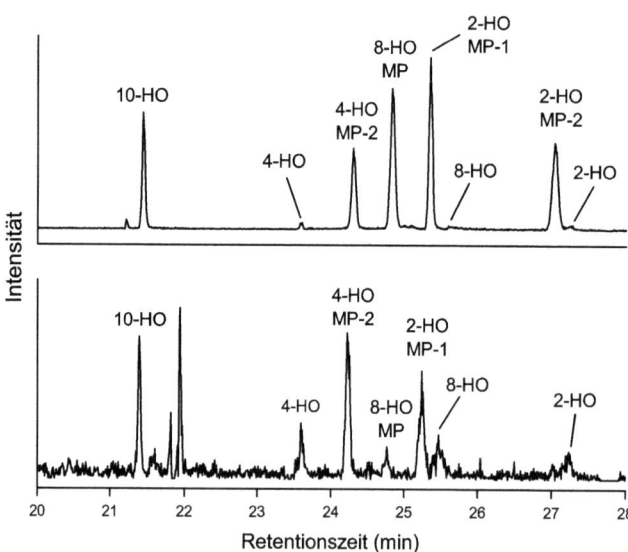

Abb. 3.13: GC-Profil einer Mischung der hydroxylierten AOH-Metaboliten und der entsprechenden MP (oben) bzw. des Extrakts der Gallenflüssigkeit einer Ratte 1-1,5 h nach oraler AOH-Gabe (unten). Die Glucuronide und Sulfate in dieser Probe wurden vor der Analyse durch Inkubation mit β-Glucuronidase und Sulfatase hydrolysiert. MS-Modus: Dual-MS^2 auf m/z 547 (Molekülion der trimethylsilylierten AOH-Catechole) und m/z 489 (Molekülion der trimethylsilylierten MP). Dargestellt ist die Massenspur m/z 459, welche den [M-88]-Ionen der AOH-Catechole und den [M-30]-Ionen der MP entspricht.

3.3. Resorption und Metabolismus von AOH in der Ratte *in vivo*

Zur Hydrolyse der Konjugate wurde die Galle vor der Extraktion mit β-Glucuronidase und Sulfatase behandelt. Beide Chromatogramme sind als Massenspur m/z 459 dargestellt, was den [M-88]-Ionen der AOH-Catechole bzw. den [M-30]-Ionen der MP entspricht. Der Verlust von 88 ist dabei charakteristisch für zwei vicinale Hydroxygruppen, während die Abspaltung eines Fragments von 30 atomaren Masseneinheiten auf eine Methoxygruppe in Nachbarschaft zu einer Hydroxygruppe hinweist (Pfeiffer et al., 2007b). Insgesamt konnten in der analysierten Fraktion alle vier hydroxylierten Metaboliten sowie die MP von 2-, 4- und 8-HO-AOH nachgewiesen werden (Abb. 3.13, unten).

Die GC-MS^2 Analyse der gepoolten Fraktionen beider Ratten wies zudem das qualitativ gleiche Metabolitenspektrum auf. Quantitative Aussagen und Vergleiche zu den mittels LC-DAD-MS analysierten Kulturmedien der Rattenleberschnitte sind auf Grund der unterschiedlichen Ionisationen von LC-MS und GC-MS nicht möglich. Dennoch ist festzuhalten, dass die oxidativen Metaboliten von AOH in der Ratte *in vivo* nach oraler Gabe gebildet werden. Dies ist zudem als indirekter Nachweis der intestinalen Resorption von AOH zu werten. Durch Quantifizierung von AOH in den einzelnen Fraktionen nach Hydrolyse der Glucuronide und Sulfate mittels HPLC und Fluoreszenzdetektion konnte dies bestätigt werden. AME wurde dabei vor der Inkubation mit β-Glucuronidase und Sulfatase als interner Standard zugegeben (vgl. 5.4.2). Die resultierende Konzentrations-Zeit-Kurve ist in Abb. 3.14 dargestellt.

In den Fraktionen von Ratte 1 stieg der AOH-Gehalt innerhalb der ersten Stunde stark an (Abb. 3.14). Der Verlauf der Kurve impliziert eine maximale Konzentration zwischen 1 h und 2 h nach AOH-Gabe. Die Fraktion 1-1,5 h nach Verabreichung stand allerdings nicht zur Quantifizierung von AOH zur Verfügung. Im weiteren Verlauf sank der AOH-Gehalt nur langsam, was auf eine verzögerte biliäre Exkretion hindeutet. Von Ratte 2 konnten nur die Fraktionen ab 1,5 h analysiert werden. Diese enthielten je nach Fraktion im Vergleich zu Ratte 1 die 1,4- bis 2-fache AOH-Menge. Zudem konnte ein steilerer Abfall der Kurve beobachtet werden (Abb. 3.14).

Insgesamt wurden bis 4,5 h nach Gabe ca. 2% der AOH-Dosis über die Galle ausgeschieden. Dies deutet entweder auf eine geringe Resorptionsrate oder auf eine ausgeprägte Gewebeverteilung hin. Auf Grund der ungewöhnlich langsamen biliären Exkretion, die insbesondere bei Ratte 1 zu beobachten war (Abb. 3.14), könnte bei chronischer Exposition die Akkumulation der Substanz im Organismus resultieren. Bisher existieren jedoch keine Daten hinsichtlich der Plasma- und der Gewebekonzentrationen von AOH nach oraler Gabe.

Kapitel 3. Ergebnis und Diskussion

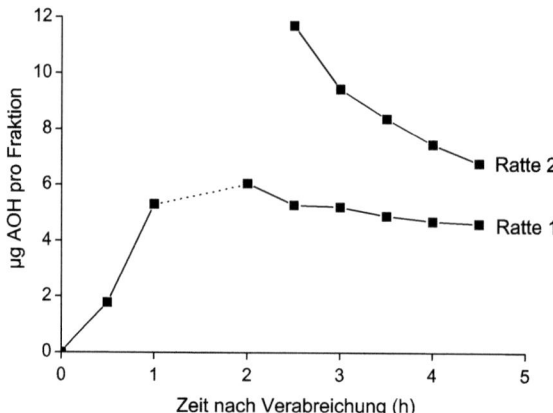

Abb. 3.14: AOH-Gehalt (Summe aus freier, glucuronidierter und sulfatierter Substanz) in der Gallenflüssigkeit zweier männlicher SD-Ratten nach Verabreichung von je 2,2 mg AOH per Schlundsonde. Die Quantifizierung erfolgte mittels HPLC und Fluoreszenzdetektion. Dargestellt sind die Mittelwerte aus drei Bestimmungen je Fraktion. Die Fraktionen 1-1,5 h (Ratte 1) bzw. bis 2 h nach Verabreichung (Ratte 2) standen nicht zur Analyse zur Verfügung.

Eine von Pollock et al. (1982a) veröffentlichte *in vivo*-Studie untersuchte lediglich die Resorption, Verteilung und Eliminierung von AME in der männlichen SD-Ratte. Hierzu wurde ^{14}C-markiertes AME oral verabreicht und die Radioaktivität in Fäzes und Urin bis drei Tage nach der Verabreichung gemessen. Im Anschluss daran erfolgte die Bestimmung der Radioaktivität in den Geweben. Es zeigte sich, dass > 80% der eingesetzten Substanz nach drei Tagen unverändert mit den Fäzes ausgeschieden wurden. Hierbei war jedoch keine Differenzierung zwischen nicht resorbierter und biliär eliminierter Substanz möglich. Etwa 10% der Dosis wurden innerhalb der ersten 24 h als polare Konjugate renal ausgeschieden. Die untersuchten Gewebe hingegen wiesen nur marginale Radioaktivitäten auf (Pollock et al., 1982a).

Die Ergebnisse der Resorptionsstudien im Caco-2 Millicell® System lassen darauf schließen, dass AOH deutlich besser resorbiert wird als AME (vgl. 3.1), weshalb mit AOH möglicherweise höhere Plasma- und Gewebespiegel erzielt werden. Da in der Studie von Pollock et al. (1982a) keine differenzierte Analytik der Muttersubstanz und der Konjugate erfolgte und zudem die mögliche Entstehung oxidativer Metaboliten nicht berücksichtigt wurde, sollten für beide Toxine weitere *in vivo*-Studien zur Toxikokinetik durchgeführt werden.

3.4 Zytotoxizität und Mutagenität von AOH, AME und ALT in V79 Zellen

AOH induziert DNA-Strangbrüche in verschiedenen kultivierten Zellen (Pfeiffer et al., 2007a) und ist mutagen in V79 Lungenfibroblasten des männlichen Chinesischen Hamsters (Brugger et al., 2006), jedoch nicht im Ames-Test in verschiedenen *Salmonella*-Stämmen (Davis und Stack, 1994; Scott und Stoltz, 1980).

Während die Mutagenität und die Zytotoxizität von AOH in V79 Zellen recht gut untersucht sind, fehlen Informationen bezüglich der anderen Toxine bislang. In der vorliegenden Arbeit sollte daher das mutagene Potential von AME und ALT am *hprt*-Genlokus in V79 Zellen im direkten Vergleich zu AOH bestimmt werden. NQO wurde als Positivkontrolle mitgeführt. Im Vorfeld dieser Versuche wurden die Stabilität der Testsubstanzen im Kulturmedium sowie die intrazellulären Konzentrationen im Verlauf einer 24-stündigen Inkubation von V79 Zellen bestimmt.

Der HPRT-Test beruht auf dem durch Mutationen im *hprt*-Gen verursachten Verlust der HPRT-Enzymaktivität. Mutanten können toxische Purinbasen wie 6-TG nicht in die DNA einbauen und sind daher resistent gegenüber diesen Verbindungen. Daher wird 6-TG, wie auch in der vorliegenden Arbeit, häufig als Selektionsmittel im HPRT-Genmutationstest eingesetzt (Cole und Arlett, 1984).

3.4.1 Stabilität und zelluläre Aufnahme

Für die Arbeiten mit Zellkulturen sind Informationen über die Stabilität der Testsubstanzen im Kulturmedium ebenso von Bedeutung wie die tatsächlichen intrazellulären Konzentrationen während der Inkubation. Des Weiteren ist die Kenntnis der metabolischen Fähigkeiten der verwendeten Zelllinie wichtig, um zelluläre Effekte besser interpretieren zu können. V79 Zellen weisen zwar eine geringe COMT-Aktivität auf (Gerstner et al., 2008), exprimieren daneben jedoch keine aktiven Phase I- und Phase II-Enzyme. Daher ist die Metabolisierung der *Alternaria*-Toxine in dieser Zelllinie nicht zu erwarten.

Kapitel 3. Ergebnis und Diskussion

Die Bestimmung der intra- und extrazellulären Konzentrationen erfolgte nach der Inkubation von V79 Zellen mit 20 µM AOH, AME bzw. ALT. Hierzu wurden die Zellen nach der Entnahme des Mediums zu verschiedenen Zeiten (1-24 h) lysiert. Anschließend erfolgte die Extraktion von Medium und Zelllysat sowie die Analyse und Quantifizierung mittels HPLC und Fluoreszenzdetektion. Die im Zelllysat ermittelten Stoffmengen wurden auf 10^5 Zellen normiert, da die Zellzahlen je nach Testsubstanz auf Grund von zytotoxischen Effekten insbesondere nach der 24-stündigen Inkubation sehr unterschiedlich waren.

In Tab. 3.7 sind die Gehalte von AOH, AME und ALT im Kulturmedium und im Zelllysat nach 1 h, 2 h, 3 h und 24 h dargestellt. Die relativ großen Schwankungen bei den Zellysaten sind dabei auf die geringen Stoffmengen sowie die komplexe Aufarbeitung zurückzuführen.

Im Kulturmedium konnten zeitunabhängig zwischen $32,2$ und $35,4$ nmol AOH bzw. ALT detektiert werden. Dies entspricht etwa 80-89% der Dosis. Da die Aufarbeitung ohne den Zusatz eines internen Standards erfolgte, sind die fehlenden 11-20% vermutlich durch Aufarbeitungs- und Extraktionsverluste zu erklären. Es ist daher anzunehmen, dass beide Verbindungen unter den gegebenen Bedingungen stabil sind.

Tab. 3.7: Stoffmengen in Medium und Zelllysat nach der Inkubation von V79 Zellen mit 20 µM AOH, AME oder ALT. Die Werte sind Mittelwerte ± SA aus je mindestens drei unabhängigen Experimenten.

		Stoffmenge im Medium (nmol)	Stoffmenge im Zelllysat (pmol pro 10^5 Zellen)
AOH	1 h	$34,0 \pm 5,4$	$11,6 \pm 4,6$
	2 h	$35,2 \pm 3,6$	$19,8 \pm 9,6$
	3 h	$34,3 \pm 4,3$	$18,5 \pm 8,1$
	24 h	$34,6 \pm 0,8$	$32,1 \pm 10,8$
AME	1 h	$33,9 \pm 4,5$	$58,8 \pm 8,1$
	2 h	$34,3 \pm 2,2$	$106,7 \pm 10,3$
	3 h	$31,1 \pm 0,8$	$107,6 \pm 9,9$
	24 h	$26,0 \pm 6,0$	$285,8 \pm 71,2$
ALT	1 h	$33,6 \pm 3,9$	$1,1 \pm 0,9$
	2 h	$32,3 \pm 2,5$	$1,7 \pm 0,5$
	3 h	$35,4 \pm 4,4$	$3,2 \pm 0,6$
	24 h	$34,1 \pm 4,0$	$0,5 \pm 0,2$

3.4. Zytotoxizität und Mutagenität von AOH, AME und ALT in V79 Zellen

Die intrazellulären Konzentrationen von AOH und ALT sind sehr gering. Während für AOH bezogen auf 10^5 Zellen zwischen $11,6$ und $32,1$ pmol ermittelt wurden, lag die intrazelluläre Konzentration von ALT etwa um den Faktor 10 darunter (Tab. 3.7). Möglicherweise sind beide Verbindungen nicht lipophil genug, weshalb die passive Diffusion durch die Zellmembran eingeschränkt ist. Denkbar wäre jedoch auch, dass V79 Zellen Efflux-Proteine exprimieren, welche die Substanzen aktiv ausschleusen. Die Aktivität solcher Proteine ist beispielsweise für humane kultivierte Caco-2 Zellen beschrieben (Press und Di Grandi, 2008). Inwieweit ähnliche Transporter in V79 Zellen exprimiert werden, ist jedoch nicht bekannt.

Für AME konnte eine zeitabhängige Reduktion der Stoffmenge im Kulturmedium von etwa 34 nmol (nach 1 h) auf 26 nmol (nach 24 h) beobachtet werden. Dies entspricht 85 % bzw. 65 % der Dosis. Gleichzeitig stieg die intrazelluläre Konzentration von $58,9 \pm 8,1$ pmol pro 10^5 Zellen etwa um das Fünffache auf $285,8 \pm 71,2$. Unter Berücksichtigung der absoluten Zellzahlen befinden sich damit nach 24 h etwa 1,5 nmol AME in den Zellen. Dies entspricht weniger als 4 % der eingesetzten Stoffmenge. Auch bei der Extraktion des Zelllysats wurde kein interner Standard verwendet, weshalb davon auszugehen ist, dass die tatsächlichen Konzentrationen im Medium und in den Zellen höher liegen. AME ist folglich unter den gegebenen Bedingungen ebenfalls als stabil anzusehen.

Im Gegensatz zu AOH und ALT schien AME in den Zellen zu akkumulieren. Dies zeigte sich unter anderem darin, dass AME um den Faktor 5 bis 10 konzentrierter in den Zellen vorlag als AOH (Tab. 3.7). Außerdem war die zeitabhängige Zunahme der intrazellulären Konzentration deutlich stärker ausgeprägt. Die bessere Permeabilität der Zellmembran für AME könnte durch die höhere Lipophilie im Vergleich zu AOH und ALT zu erklären sein. Denkbar wäre jedoch auch, dass AME die Inhibierung von Transportproteinen verursacht, wodurch es weniger effektiv aus den Zellen geschleust wird. Wie bereits erwähnt, ist die Anwesenheit von Efflux-Proteinen in der V79 Zellmembran jedoch nicht untersucht.

Die sehr geringen und zeitunabhängigen intrazellulären Konzentrationen von ALT legen den Schluss nahe, dass es sich dabei um Substanzreste handelt, welche durch das Waschen des Zellrasens nicht entfernt werden konnten. Die Zellgängigkeit von ALT ist somit noch nicht zweifelsfrei bewiesen.

Insgesamt ist festzuhalten, dass die im Zelllysat bestimmten Konzentrationen in der Reihenfolge AME > AOH >> ALT abnehmen. Dies ist bei der Interpretation der im Folgenden beschriebenen zellulären Effekte zu berücksichtigen.

Kapitel 3. Ergebnis und Diskussion

3.4.2 Zytotoxizität und Zellproliferation

Eine wichtige Voraussetzung für die Entstehung von Mutationen ist die Zellproliferation, da meist einige Zellzyklen durchlaufen werden, bis DNA-Schäden als Mutationen im Genom fixiert sind (Cole und Arlett, 1984). Die zu untersuchenden Konzentrationen einer Testsubstanz richten sich daher im Wesentlichen nach der akuten Zytotoxizität und der Beeinflussung der Zellproliferation.

Durch die Bestimmung der Lebendzellzahl und der Kolonienbildungsfähigkeit unmittelbar nach der Inkubation sollte die Zytotoxizität der Testsubstanzen untersucht werden. Des Weiteren wurde das Zellwachstum bis zum Tag der Selektion verfolgt. Da AOH, AME und ALT unterschiedlich stark zytotoxisch wirkten, lagen die untersuchten Konzentrationsbereiche bei 5-20 µM (AOH), 10-50 µM (AME) bzw. 20-100 µM (ALT).

3.4.2.1 Akute Zytotoxizität

In Abb. 3.15 ist die Lebendzellzahl und die Kolonienbildungsfähigkeit (Plating efficiency, PE) der V79 Zellen unmittelbar nach der 24-stündigen Inkubation mit AOH, AME und ALT dargestellt.

Die Inkubationen mit ALT und NQO, das als Positivkontrolle mitgeführt wurde, zeigten keinen Einfluss auf die Lebendzellzahl und die PE (Abb. 3.15, Säulen). Lediglich bei der höchsten Konzentration von ALT (100 µM) deutete sich eine leichte Verbesserung der Kolonienbildungsfähigkeit an (Abb. 3.15, Symbole).

Die zytotoxische Wirkung von AOH ist etwa zweimal stärker als die von AME. Eine signifikante Reduktion der Zellzahl konnte ab 15 µM AOH, jedoch erst ab 30 µM AME beobachtet werden (Abb. 3.15, Säulen). Auch die Kolonienbildungsfähigkeit wurde durch AOH deutlich stärker verringert. Nach der Inkubation mit 20 µM AOH betrug die PE weniger als 10% der Lösungsmittelkontrolle (Abb. 3.15, Symbole). Dagegen verursachte die höchste eingesetzte AME-Konzentration (50 µM) lediglich eine Reduktion der PE auf ca. 20% der Kontrolle.

3.4. Zytotoxizität und Mutagenität von AOH, AME und ALT in V79 Zellen

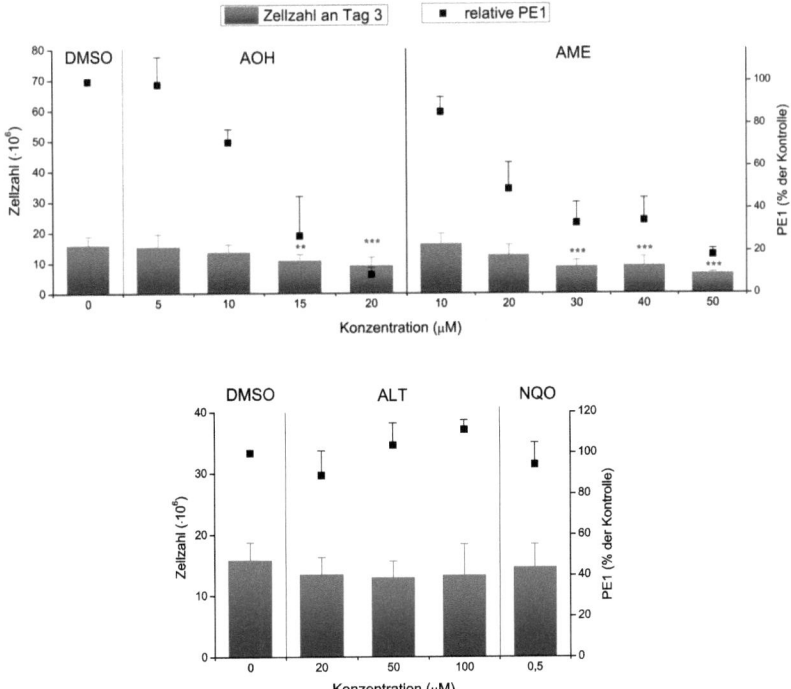

Abb. 3.15: Absolute Zellzahl (Säulen) und Koloniebildungsfähigkeit (PE1, Symbole) unmittelbar nach 24-stündiger Inkubation von V79 Zellen mit Lösungsmittel alleine (Dimethylsulfoxid (DMSO), 0,5%), AOH, AME, ALT oder NQO. Dargestellt sind die Mittelwerte und SA aus je mindestens drei unabhängigen Experimenten. Signifikante Unterschiede zur Lösungsmittelkontrolle wurden für die Zellzahlen mittels t-Test bestimmt; ** $p < 0,01$, *** $p < 0,001$.

Auch Brugger et al. (2006) beschreiben eine konzentrationsabhängige Abnahme der Zellzahl und der Koloniebildungsfähigkeit nach 24-stündiger Inkubation von V79 Zellen mit AOH, die jedoch etwas schwächer ausgeprägt ist. Daher reicht der getestete Konzentrationsbereich in dieser Studie bis 30 µM AOH.

3.4.2.2 Proliferation bis zum Zeitpunkt der Selektion

Anhand der Wachstumskurven, die sich durch Auftragung der absoluten Zellzahlen gegen die Zeit ergeben, kann das Wachstum der Zellen während des gesamten HPRT-Tests verfolgt und der Einfluss der Testsubstanzen auf die Proliferation erkannt werden. Liegt eine Hemmung des Zellwachstums vor, ist die Steigung der Kurve behandelter Zellen geringer als die der Lösungsmittelkontrolle.

Kapitel 3. Ergebnis und Diskussion

In Abb. 3.16 sind die Wachstumskurven für eine repräsentative Auswahl der getesteten Konzentrationen von AOH, AME und ALT im Vergleich zur Lösungsmittelkontrolle (0,5% DMSO) abgebildet. Während die mit 40 µM AME und 10 µM AOH behandelten Zellen im Vergleich zur Kontrolle lediglich ein deutlich verlangsamtes Wachstum aufwiesen, konnte mit 20 µM AOH sogar eine Reduktion der Lebendzellzahl von Tag 2 auf Tag 3 beobachtet werden (Abb. 3.16). Auch im Verlauf der ersten Subkultivierungsphase (Tag 3 bis Tag 5) waren die Wachstumsraten der mit 20 µM AOH oder 40 µM AME behandelten Zellen deutlich herabgesetzt.

Für die höchste getestete Konzentration von ALT (100 µM) hingegen konnte ein tendentiell pro-proliferativer Effekt beobachtet werden. Dies zeigt sich darin, dass die Wachstumskurve im Verlauf der Substanzinkubation sowie zwischen Tag 3 und Tag 5 eine größere Steigung im Vergleich zur Lösungsmittelkontrolle aufwies (Abb. 3.16). Wie bereits im letzten Abschnitt beschrieben, bewirkt die Inkubation mit 100 µM ALT zudem eine leichte Verbesserung der Kolonienbildungsfähigkeit der V79 Zellen (vgl. Abb. 3.15).

3.4.2.3 Einfluss von AOH, AME und ALT auf den Zellzyklus

Zur Bestimmung der Zellzyklus-Verteilung wurden 10^6 inkubierte Zellen mit Ethanol fixiert und die DNA mit Hilfe des interkalierenden Fluoreszenzfarbstoffs 4',6-Diamidin-2-phenylindol (DAPI) gefärbt. Im Anschluss erfolgte die durchflusszytometrische Messung der Fluoreszenzintensitäten (vgl. 5.11).

Der Zellzyklus gliedert sich in die Zellteilung (Mitose) und die Interphase. Diese ist wiederum in eine postmitotische Phase (G_1), eine Synthesephase (S), in der die DNA verdoppelt wird, und eine prämitotische Phase (G_2) unterteilt. Nicht teilungsaktive Zellen befinden sich in der Ruhephase (G_0), in die im Prinzip jede Zelle aus der G_1-Phase übergehen kann, beispielsweise bei ungünstigen Wachstumsbedingungen.

In der G_1- und der G_0-Phase besitzt jede Zelle einen diploiden Chromosomensatz. Nach der Replikation, das heißt in der G_2-Phase und zu Beginn der Mitose, weist sie den doppelten DNA-Gehalt auf. Die Fluoreszenz nach der Interkalation von DAPI ist proportional zum DNA-Gehalt.

3.4. Zytotoxizität und Mutagenität von AOH, AME und ALT in V79 Zellen

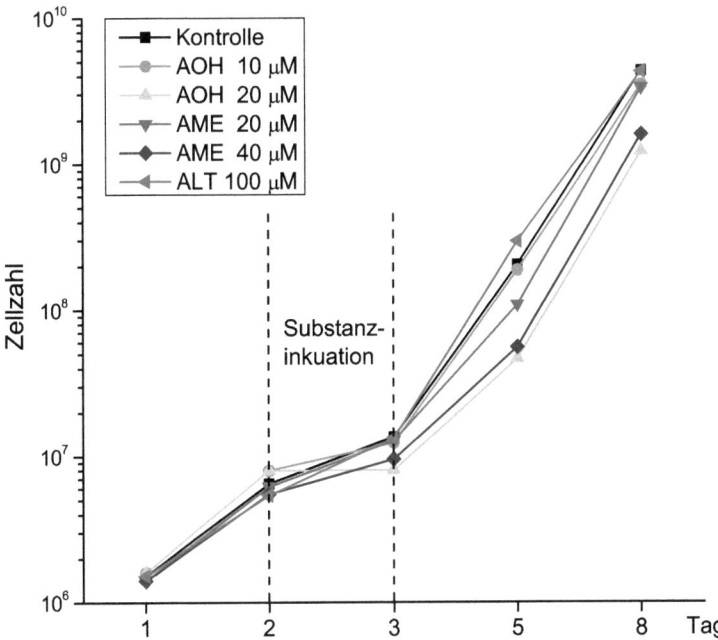

Abb. 3.16: Einfluss von AOH, AME und ALT auf das Wachstum von V79 Zellen während des HPRT-Tests. Dargestellt ist eine repräsentative Auswahl der getesteten Konzentrationen. Die berechneten Zellzahlen sind die Mittelwerte aus je mindestens drei unabhängigen Experimenten. Tag 1: Ausstreuen der Zellen, Tag 2-3: Substanzinkubation, Tag 3-5: erste Subkultivierungsphase, Tag 5-8: zweite Subkultivierungsphase, Tag 8: Selektion

Kapitel 3. Ergebnis und Diskussion

Daher ergeben sich aus der durchflusszytometrischen Messung der DAPI-Fluoreszenz Histogramme mit charakteristischen Zellzyklusverteilungen für jede Population. Durch Berechnung des prozentualen Anteils der Zellen in der G_1/G_0-, der S- und der G_2/M-Phase können substanzinduzierte Verzögerungen des Zellzyklus erkannt werden.

In Abb. 3.17 sind die Zellzyklusverteilungen von V79 Zellen nach der Inkubation mit AOH, AME und ALT dargestellt. AOH induzierte eine ab 10 µM signifikante Zunahme des Anteils der Population in der G_2/M-Phase des Zellzyklus. Die von Brugger et al. (2006) beobachtete gleichzeitige Reduktion der Mitoserate lässt darauf schließen, dass der beobachtete Zellzyklusarrest nicht in der Mitose, sondern durch Aktivierung des G_2/M-Kontrollpunkts am Übergang von der G_2-Phase zur Mitose induziert wird. Dies ist häufig als Reaktion der Zelle auf genotoxischen Stress zu beobachten (Shackelford et al., 1999).

Die Aktivierung des G_2/M-Kontrollpunkts kann durch die Entstehung von Strangbrüchen der DNA in der späten Phase der Replikation oder in der G_2-Phase ausgelöst werden (Kaufmann und Paules, 1996). Für AOH ist die Induktion von DNA-Strangbrüchen in V79 Zellen und in kultivierten humanen Zellen beschrieben (Pfeiffer et al., 2007a).

Als ein möglicher Mechanismus für die Entstehung von DNA-Strangbrüchen ist die Interaktion einer Verbindung mit Topoisomerasen zu nennen. Dabei handelt es sich um Enzyme, die essentiell für die Aufrechterhaltung der DNA-Topologie sind (Wang, 1996). Die Beeinflussung von Topoisomerasen kann auf zwei Arten erfolgen: entweder durch die Herabsetzung der katalytischen Aktivität der Enzyme oder durch die Stabilisierung des transienten Enzym/DNA-Komplexes (Cortes et al., 2007). Letzteres wird auch als Topoisomerase-Giftung bezeichnet. Für AOH sind beide Mechanismen sowohl unter zellfreien Bedingungen als auch in kultivierten Zellen beschrieben (Fehr et al., 2009).

AOH zeigt als Topoisomerase-Gift eine gewisse Präferenz zur humanen IIα-Isoform (Fehr et al., 2009). Dies erklärt möglicherweise die von Lehmann et al. (2006) beschriebene klastogene Wirkung von AOH, da bei der Inhibierung von Typ II Topoisomerasen DNA-Doppelstrangbrüche entstehen (Capranico et al., 1999).

Die Expression der Topoisomerase IIα ist während der G_2- und der S-Phase des Zellzyklus am höchsten (Larsen et al., 1996). Der signifikante Rückgang des Anteils der Population in der G_1/G_0-Phase (Abb. 3.17) impliziert, dass die Zellen ungehindert in die S-Phase übergehen konnten und demnach der G_1/S-Kontrollpunkt durch AOH nicht aktiviert wurde.

3.4. Zytotoxizität und Mutagenität von AOH, AME und ALT in V79 Zellen

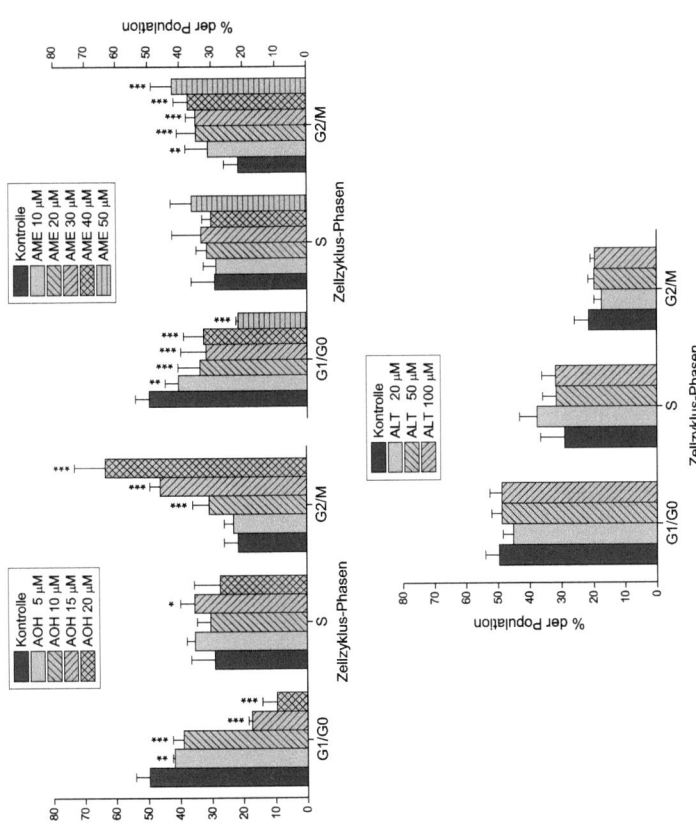

Abb. 3.17: Zellzyklusverteilung von V79 Zellen nach 24-stündiger Inkubation mit AOH (oben links), AME (oben rechts) und ALT (unten). Dargestellt sind die Mittelwerte und SA aus je mindestens drei unabhängigen Experimenten. Signifikante Unterschiede zur Lösungsmittelkontrolle wurden mittels t-Test berechnet; ** $p < 0,01$, *** $p < 0,001$.

Da zudem keine Verzögerung der S-Phase zu beobachten war, ist davon auszugehen, dass die Induktion der DNA-Strangbrüche in der späten Phase der Replikation sowie in der G_2-Phase erfolgt. Dies ist als weiteres Indiz dafür zu werten, dass die Interaktion von AOH mit Topoisomerasen für den G_2/M-Arrest verantwortlich ist.

Auch AME induzierte einen G_2/M-Arrest der V79-Zellen, welcher jedoch sehr viel schwächer ausgeprägt war als bei AOH (Abb. 3.17). Der Anteil der Zellen in der G_2/M-Phase wurde durch 50 µM AME gerade verdoppelt, während bereits mit 20 µM AOH eine Verdreifachung zu beobachten war. Dies steht im Einklang mit der von Fehr et al. (2009) beschriebenen geringeren Inhibierung von Topoisomerasen durch AME. Die Induktion von DNA-Stranbrüchen durch AOH und AME erfolgte hingegen in vergleichbarem Ausmaß. Da AME jedoch eine deutlich höhere intrazelluläre Konzentration aufwies als AOH (vgl. 3.4.1) ist davon auszugehen, dass AME insgesamt deutlich weniger potent ist.

ALT zeigte bis 100 µM keinen Einfluss auf die Zellzyklusverteilung der V79 Zellen (Abb. 3.17). Dies ist möglicherweise auf die geringe zelluläre Aufnahme zurückzuführen (vgl. 3.4.1). Im Gegensatz zu AOH und AME interagiert ALT jedoch auch nicht mit isolierten humanen Topoisomerasen (Fehr et al., 2009). Es konnte daher nicht abschließend geklärt werden, ob ALT tatsächlich keinen Effekt auf Zellzyklus und -proliferation der V79 Zellen hat oder ob die fehlende zelluläre Aufnahme hierfür verantwortlich ist.

3.4.3 Mutagenität

Die Bestimmung der Mutagenität von AME und ALT im Vergleich zu AOH erfolgte anhand des HPRT-Genmutationstests in V79 Zellen. Nach der 24-stündigen Inkubation mit den Testsubstanzen wurden die Zellen passagiert und anschließend für weitere vier Tage kultiviert, wobei nach 48 h eine erneute Zellpassage erfolgte. An Tag 8 wurden die HPRT-Mutanten durch Ausplattieren der Zellen in 6-TG-haltigem Medium selektiert. Nach einer Woche wurden die gebildeten Kolonien mit Methylenblau gefärbt und ausgezählt. Anschließend erfolgte die Berechnung der Mutantenfrequenz (MF) als Mutanten pro 10^6 lebende Zellen (vgl. 5.10).

Die MF der mit 0,5% DMSO behandelten Kontrollen betrug gemittelt über alle durchgeführten Versuche 21 ± 11 Mutanten pro 10^6 Zellen; die Positivkontrolle NQO (0,5 µM) induzierte 117 ± 39 Mutanten pro 10^6 Zellen (Abb. 3.18). Vergleichbare Werte wurden von Brugger et al. (2006) ermittelt.

3.4. Zytotoxizität und Mutagenität von AOH, AME und ALT in V79 Zellen

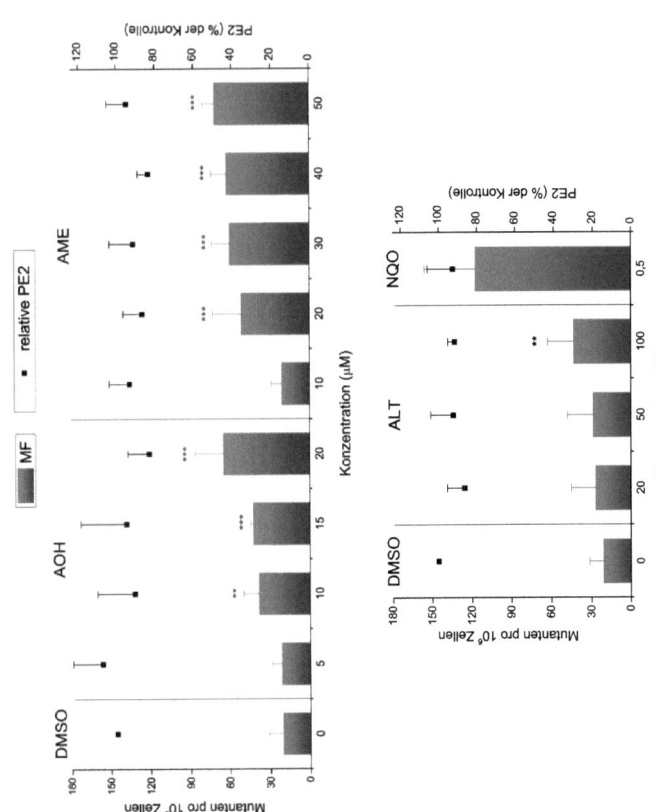

Abb. 3.18: MF (Säulen) und Koloniebildungsfähigkeit (PE2, Symbole) zum Zeitpunkt der Selektion nach 24-stündiger Inkubation von V79 Zellen mit Lösungsmittel alleine (0,5% DMSO), AOH, AME, ALT bzw. NQO für 24 h. Dargestellt sind die Mittelwerte und SA aus je mindestens drei unabhängigen Experimenten. Signifikante Unterschiede zur Lösungsmittelkontrolle wurden für die MF mittels t-Test berechnet; ** $p < 0,01$, *** $p < 0,001$.

Kapitel 3. Ergebnis und Diskussion

Zum Zeitpunkt der Selektion lagen die Kolonienbildungsfähigkeiten (PE2) für alle getesteten Substanzen und Konzentrationen etwa im Bereich der Lösungsmittelkontrolle (Abb. 3.18, Symbole). Sowohl AOH als auch AME führten zu einer Erhöhung der MF, welche ab 10 µM AOH bzw. 20 µM AME signifikant war (Abb. 3.18, Säulen). Während für AOH eine klare Konzentrationsabhängigkeit beobachtet werden konnte, resultierte die Verdopplung der AME-Konzentration von 10 µM auf 20 µM in einem sprunghaften Anstieg der MF, welche bis zur höchsten Konzentration (50 µM) jedoch nur noch marginal gesteigert wurde.

Ein ähnliches Bild konnte bei der Induktion des G_2/M-Arrests der V79 Zellen beobachtet werden (vgl. Abb. 3.17). Lediglich die Herabsetzung der Kolonienbildungsfähigkeit unmittelbar nach der Inkubation (PE1) wies auch für AME eine deutliche Konzentrationsabhängigkeit auf (vgl. Abb. 3.15).

Wie in Abschnitt 3.4.1 beschrieben, ist die intrazelluläre AME-Konzentrationen während einer 24-stündigen Inkubation von V79 Zellen um den Faktor 5-10 höher als die von AOH. Da anzunehmen ist, dass eine höhere intrazelluläre Konzentration der gleichen Substanz einen stärker ausgeprägten Effekt verursacht, ist das mutagene Potential von AME als deutlich schwächer zu bewerten.

Die Inkubation der V79 Zellen mit ALT führte zu einem marginalen Anstieg der MF, welcher jedoch nur für die höchste getestete Konzentration (100 µM) schwach signifikant war (Abb. 3.18, Säulen). Des Weiteren ist beschrieben, dass ALT in kultivierten humanen Zellen keine DNA-Strangbrüche induziert (Fehr et al., 2009). Ob ALT tatsächlich weder genotoxisch noch mutagen ist oder ob dies durch die für V79 Zellen beobachtete geringe zelluläre Aufnahme begründet ist, kann nicht abschließend beantwortet werden.

Es ist festzuhalten, dass sowohl AOH als auch AME Mutationen am *hprt*-Genlokus in V79 Zellen erzeugen. Beide Verbindungen erhöhen konzentrationsabhängig die MF und sind zytotoxisch. Dies äußert sich in der Reduktion der Lebendzellzahl sowie der Herabsetzung der Kolonienbildungsfähigkeit, welche für AOH besonders stark ausgeprägt ist. Zusammengefasst weisen die in diesem Kapitel beschriebenen Versuche auf ein deutlich höheres toxisches Potential von AOH im Vergleich zu AME hin. ALT hingegen besitzt weder zytotoxische noch mutagene Wirkung, jedoch ist die niedrige intrazelluläre Konzentration möglicherweise mitverantwortlich für das Ausbleiben dieser Effekte.

3.5 Zytotoxizität und Mutagenität von 4-HO-AOH in V79 Zellen

Wie bereits in Abschnitt 3.2 beschrieben, handelt es sich bei den vier aromatisch hydroxylierten AOH-Metaboliten um Catechole, welche möglicherweise von toxikologischer Relevanz sind, da sie in Anwesenheit von Metallionen zu elektrophilen Chinonen oxidiert werden können (Monks et al., 1992; Zhang et al., 1996). Daher sind hinsichtlich der Genotoxizität und Mutagenität im Vergleich zur Muttersubstanz andere Wirkmechanismen denkbar. Beispielsweise bilden Chinone häufig Addukte mit Proteinen oder der DNA, wodurch Enzyme inaktiviert werden und Mutationen entstehen können (Bolton et al., 2000; Monks et al., 1992).

Da V79 Zellen keine aktiven CYP-Enzyme exprimieren (Doehmer, 1993), wird anhand der in dieser Zelllinie durchgeführten HPRT-Tests ausschließlich das mutagene Potential der Muttersubstanzen bestimmt. Im Rahmen der vorliegenden Arbeit sollte daher der Einfluss des oxidativen Metabolismus auf das mutagene Potential von AOH in der transgenen Zelllinie V79h1A1 untersucht werden. Diese Zellen exprimieren nach der stabilen Transfektion der cDNA in das Genom humanes CYP1A1 (Schmalix et al., 1993). Da dieses als das aktivste Isoenzym für die Hydroxylierung von AOH identifiziert wurde (vgl. 3.2), sind V79h1A1 Zellen zur intrazellulären metabolischen Aktivierung von AOH geeignet.

Die Durchführung der Experimente erfolgte im direkten Vergleich zu nichttransfizierten V79 Zellen, um einen Einfluss der Metabolisierung auf das mutagene Potential von AOH bestimmen zu können. Die CYP-Aktivität wurde durch die Detektion der hydroxylierten Metaboliten sowie der jeweiligen MP mittels LC-DAD-MS verifiziert. Da die Untersuchungen insgesamt kontroverse Ergebnisse lieferten, wird auf eine ausführliche Beschreibung in dieser Arbeit verzichtet. Eine kurze Zusammenfassung ist jedoch in Anhang A.3 zu finden.

Durch die Untersuchung der Mutagenität und Zytotoxizität von 4-HO-AOH in V79 Zellen sollte in der Folge Aufschluss darüber erhalten werden, ob die toxischen Wirkungen des oxidativen Metaboliten und der Muttersubstanz über verschiedene Mechanismen vermittelt werden. Die Durchführung der HPRT-Tests und die Bestimmung der Stabilität im Kulturmedium sowie der zellulären Aufnahme von 4-HO-AOH erfolgte wie in Abschnitt 3.4 beschrieben. Die Ergebnisse dieser Versuche werden im Folgenden näher erläutert.

3.5.1 Stabilität, zelluläre Aufnahme und Metabolismus

Wie bereits beschrieben, ist die Kenntnis der Stabilität einer Substanz im Kulturmedium sowie der metabolischen Kapazität der verwendeten Zelllinie wichtig, um zelluläre Effekte richtig interpretieren zu können.

Die Konzentration von 4-HO-AOH im Kulturmedium bei der Inkubation von V79 Zellen kann im Wesentlichen durch zwei Faktoren beeinflusst werden: Zum einen wird 4-HO-AOH in den Zellen möglicherweise methyliert und in Form der MP wieder an das Medium abgegeben. Zum anderen ist eine erhöhte Reaktivität des Catechols gegenüber Proteinen und anderen Bestandteilen der Zellen und des Mediums zu erwarten.

Die Bestimmung der Konzentrationen von 4-HO-AOH und den beiden MP erfolgte nach der Inkubation von V79 Zellen mit 20 µM 4-HO-AOH. Dazu wurden das Kulturmedium und das Zelllysat extrahiert und mittels HPLC-UV analysiert. In Tab. 3.8 sind die Stoffmengen von 4-HO-AOH und den beiden MP im Verlauf einer 24-stündigen Inkubation dargestellt.

Tab. 3.8: Stoffmengen von 4-HO-AOH und den MP in Kulturmedium und Zelllysat nach der Inkubation von V79 Zellen mit 20 µM 4-HO-AOH (entspricht 40 nmol). Die Quantifizierung erfolgte mittels HPLC und UV-Detektion bei 254 nm. MP-1 konnte erst nach 24 h detektiert werden. Dargestellt sind die Mittelwerte ± SA aus je mindestens drei unabhängigen Experimenten. nd, nicht detektierbar

		Stoffmenge im Medium (nmol)	Stoffmenge im Zelllysat (pmol pro 10^5 Zellen)
4-HO-AOH	1 h	$17{,}8 \pm 6{,}2$	$5{,}1 \pm 0{,}5$
	2 h	$13{,}6 \pm 5{,}7$	$5{,}3 \pm 1{,}6$
	3 h	$10{,}4 \pm 4{,}7$	$3{,}7 \pm 2{,}5$
	24 h	$0{,}2 \pm 0{,}1$	$0{,}5 \pm 0{,}4$
MP-1	24 h	$0{,}1 \pm 0{,}1$	nd
MP-2	1 h	$0{,}1 \pm 0{,}0$	nd
	2 h	$0{,}1 \pm 0{,}0$	nd
	3 h	$0{,}4 \pm 0{,}1$	nd
	24 h	$2{,}5 \pm 0{,}9$	nd

3.5. Zytotoxizität und Mutagenität von 4-HO-AOH in V79 Zellen

Während die AOH-Konzentration im Kulturmedium über den gesamten Zeitraum konstant blieb (vgl. Tab. 3.7), waren nach 24 h nur noch sehr geringe Mengen 4-HO-AOH zu detektieren. Bereits nach einstündiger Inkubation konnten nur noch etwa 50% der eingesetzten Stoffmenge nachgewiesen werden. Mit steigender Inkubationsdauer nahmen die MP im Kulturmedium zu, wobei MP-1 erst nach 24 h detektiert wurde (Tab. 3.8). Insgesamt betrug der Gehalt der MP im Kulturmedium bis zu 2,6 nmol. Dies entspricht 6,5% der applizierten Substanz. Im Zelllysat hingegen waren die methylierten Metaboliten zu keinem Zeitpunkt zu beobachten.

Analog zur Konzentration im Medium sank die intrazelluläre Konzentration von 4-HO-AOH während der 24-stündigen Inkubation stark ab, sodass nach 24 h nur noch Spuren des Catechols detektiert werden konnten (Tab. 3.8). Innerhalb der ersten drei Stunden lag die intrazelluläre Konzentration im Vergleich zu AOH um den Faktor 2 bis 5 niedriger (vgl. Tab. 3.7 und 3.8).

Es konnte somit gezeigt werden, dass 4-HO-AOH in die Zellen aufgenommen und in Form der MP wieder abgegeben wird. Die stark ausgeprägte Reduktion der Konzentration des Catechols im Kulturmedium weist jedoch darauf hin, dass die eingesetzte Stoffmenge lediglich als Anfangswert zu sehen ist und keinesfalls die tatsächlichen Verhältnisse während der Experimente wiederspiegelt. Es kann keine Aussage darüber getroffen werden, in welchem Ausmaß 4-HO-AOH bereits im Kulturmedium abreagiert und damit den Zellen von vorne herein nicht zur Verfügung steht.

3.5.2 Zytotoxizität und Zellproliferation

3.5.2.1 Akute Zytotoxizität

Die 24-stündige Inkubation mit 4-HO-AOH führte zu einer deutlichen Reduktion der Lebendzellzahl (Abb. 3.19, Säulen). Bereits bei einer Konzentration von 5 µM konnte ein signifikanter Effekt beobachtet werden, während dies erst ab 15 µM AOH der Fall war.

Kapitel 3. Ergebnis und Diskussion

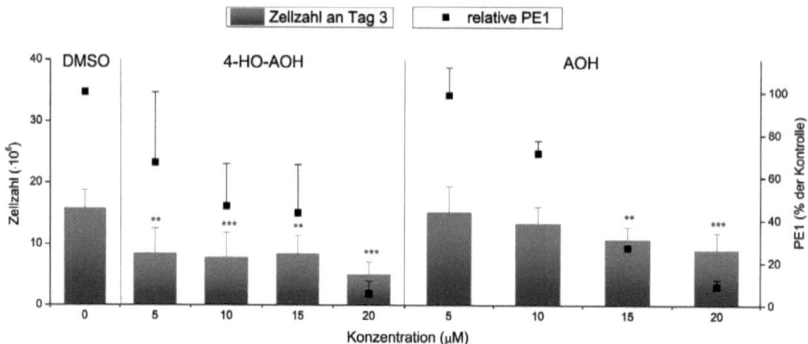

Abb. 3.19: Lebendzellzahl (Säulen) und Koloniebildungsfähigkeit (PE1, Symbole) unmittelbar nach 24-stündiger Inkubation von V79 Zellen mit Lösungsmittel alleine (0,5% DMSO), 4-HO-AOH oder AOH. Dargestellt sind die Mittelwerte und SA aus je mindestens drei unabhängigen Experimenten. Signifikante Unterschiede zur Kontrolle wurden für die Zellzahlen mittels t-Test berechnet; ** $p < 0,01$, *** $p < 0,001$.

Die Herabsetzung der Koloniebildungsfähigkeit war durch beide Substanzen etwa gleich stark ausgeprägt (Abb. 3.19, Symbole). Mit der höchsten getesteten Konzentration (20 µM) wurde die PE jeweils auf weniger als 10% der Lösungsmittelkontrolle gesenkt. Dabei war für 4-HO-AOH eine deutlich größere interexperimentelle Schwankung zu beobachten als für AOH.

3.5.2.2 Proliferation bis zum Zeitpunkt der Selektion

In Abb. 3.20 ist die Entwicklung der Lebendzellzahl während des HPRT-Tests mit 10 µM und 20 µM 4-HO-AOH bzw. AOH dargestellt. Es ist zu erkennen, dass 4-HO-AOH bei gleicher Anfangskonzentration deutlich zytotoxischer wirkt als AOH. Dies zeigte sich insbesondere in der stärker ausgeprägten Reduktion der Lebendzellzahl im Verlauf der Substanzinkubation. Zwischen Tag 3 und Tag 5 war das Wachstum der mit 20 µM 4-HO-AOH bzw. AOH inkubierten Zellen etwa gleich stark gehemmt. Der annähernd parallele Verlauf der Kurven nach Tag 5 weist darauf hin, dass sich das Zellwachstum zu diesem Zeitpunkt wieder normalisiert hatte.

3.5. Zytotoxizität und Mutagenität von 4-HO-AOH in V79 Zellen

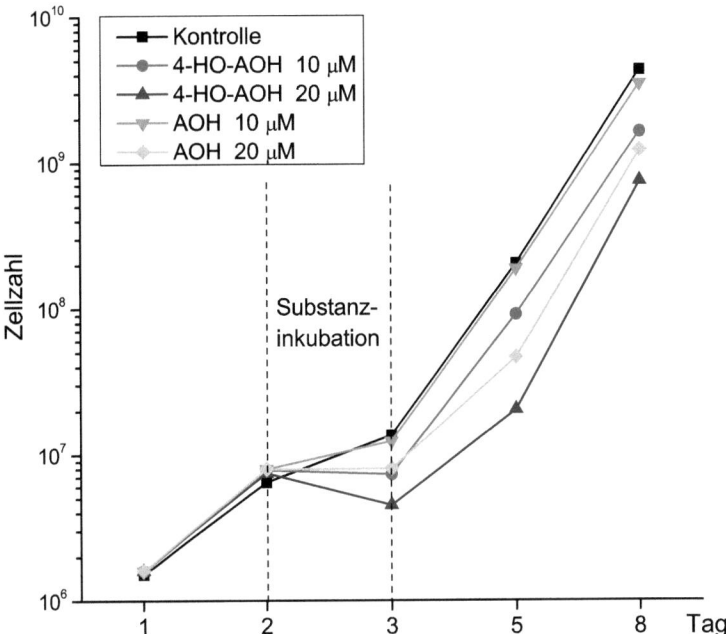

Abb. 3.20: Einfluss von 4-HO-AOH und AOH auf das Zellwachstum während des HPRT-Tests. Die Zellzahlen sind die Mittelwerte aus je mindestens drei unabhängigen Experimenten. Dargestellt ist eine repräsentative Auswahl der getesteten Konzentrationen. Tag 1: Ausstreuen der Zellen, Tag 2-3: Substanzinkubation, Tag 3-5: erste Subkultivierungsphase, Tag 5-8: zweite Subkultivierungsphase, Tag 8: Selektion

Kapitel 3. Ergebnis und Diskussion

3.5.2.3 Einfluss von 4-HO-AOH auf den Zellzyklus

AOH induzierte, wie bereits in Abschnitt 3.4.2 beschrieben, einen stark ausgeprägten G_2/M-Arrest der V79 Zellen. Im Gegensatz dazu konnte mit 4-HO-AOH ab einer Konzentration von 10 µM die signifikante Zunahme des Anteils der Zellpopulation in der S-Phase beobachtet werden (Abb. 3.21).

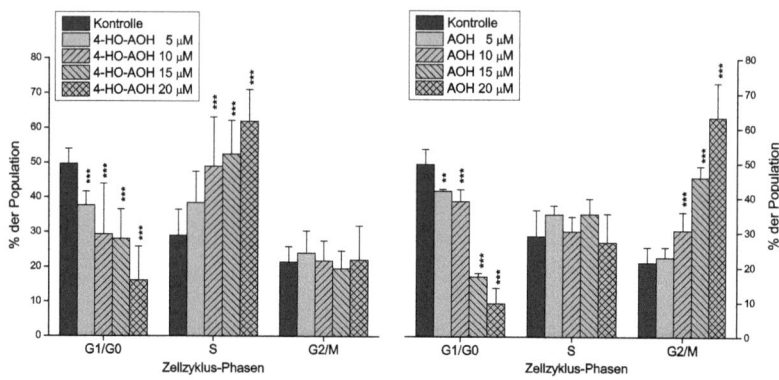

Abb. 3.21: Zellzyklusverteilung von V79 Zellen nach 24-stündiger Inkubation mit 4-HO-AOH (links) und AOH (rechts). Dargestellt sind die Mittelwerte und SA aus je mindestens drei unabhängigen Experimenten. Signifikante Unterschiede zur Kontrolle wurden mittels t-Test berechnet; ** $p < 0,01$, *** $p < 0,001$.

Analog zu AOH war zudem eine Verringerung des Anteils der Zellen in der G_1/G_0-Phase zu verzeichnen. Dies lässt darauf schließen, dass auch durch 4-HO-AOH keine Aktivierung des G_1/S-Kontrollpunkts induziert wurde. Eine Aktivierung dieses Kontrollpunkts geschieht häufig als Antwort auf DNA-Schäden wie Addukte, Einzelstrangbrüche oder Quervernetzungen (Kaufmann und Paules, 1996). Dadurch wird die Zelle am Eintritt in die Replikation gehindert. Es ist aus diesem Grund nicht davon auszugehen, dass solche Schäden in größerem Ausmaß in der G_1-Phase gebildet wurden.

Die Verzögerung der Replikation nach der Inkubation mit 4-HO-AOH kann verschiedene Ursachen haben. Beispielsweise führen DNA-Schäden, die in der G_1-Phase nicht repariert oder in der frühen S-Phase gesetzt wurden, zur Inhibierung der Replikationsinitiation (Kaufmann und Paules, 1996). Dies geschieht durch die Inhibierung von RNA-Polymerasen, welche für die Synthese der Primer zuständig sind, an denen die DNA-Polymerasen anschließend die Elongation der neu synthetisierten Stränge durchführen (Kaufmann und Paules, 1996).

3.5. Zytotoxizität und Mutagenität von 4-HO-AOH in V79 Zellen

Die direkte Interaktion der Testsubstanz mit DNA-Polymerasen stellt einen weiteren möglichen Auslöser der verzögerten S-Phase dar (Kaufmann und Paules, 1996). Es ist bekannt, dass durch die Hemmung der humanen DNA-Polymerase Isoform α ein Zellzyklus-Arrest in der S-Phase induziert wird (Murakami-Nakai et al., 2004). Als Beispiel für eine strukturverwandte Verbindung, die als Inhibitor der humanen DNA-Polymerase α identifiziert wurde, ist Dehydroaltenusin (Abb. 3.22, links) zu nennen (Mizushina et al., 2000; Murakami-Nakai et al., 2004).

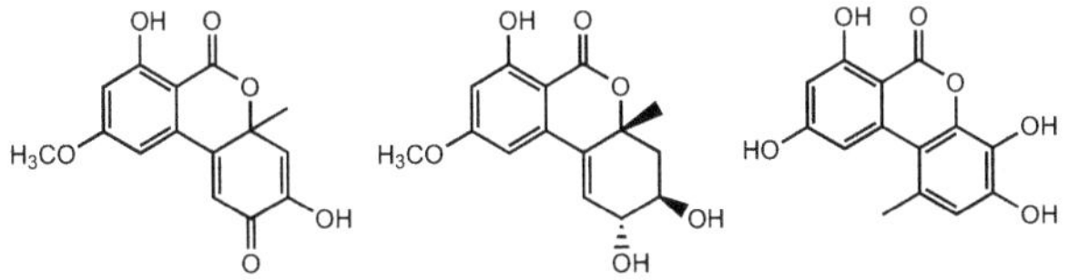

Abb. 3.22: Strukturformeln von Dehydroaltenusin (links), ALT (Mitte) und 4-HO-AOH (rechts).

Kamisuki et al. (2002) beobachteten eine drastische Reduktion der katalytischen Aktivität der humanen DNA-Polymerase α durch Inkubationen der isolierten Enzyme mit Dehydroaltenusin. Auch AOH, AME und ALT wurden in dieser Studie eingesetzt. Letzteres zeigte trotz der strukturellen Ähnlichkeit zu Dehydroaltenusin (vgl. Abb. 3.22) keine Interaktion mit der DNA-Polymerase. Ein ähnliches Phänomen konnte für AOH und AME beobachtet werden: Während AOH die Aktivität der DNA-Polymerase α nicht beeinflusste, konnte für AME eine deutliche Inhibierung der DNA-Polymerase α beobachtet werden (Kamisuki et al., 2002). AME induzierte dennoch keinen S-Phase-Arrest in V79 Zellen (vgl. Abb. 3.17).

Der unveränderte Anteil der mit 4-HO-AOH inkubierten Zellpopulationen in der G_2/M-Phase (Abb. 3.21) weist des Weiteren auf eine geringfügige Aktivierung des G_2/M-Kontrollpunkts hin. Möglicherweise wirkt 4-HO-AOH analog zu AOH als Topoisomerasegift, wodurch in der späten S- und der G_2-Phase DNA-Strangbrüche entstehen, die eine Aktivierung des G_2/M-Kontrollpunkts auslösen. Dies müsste, wie für AOH beschrieben (Lehmann et al., 2006), mit der Induktion von Mikrokernen einhergehen.

Insgesamt ist festzuhalten, dass die Toxizität von AOH und 4-HO-AOH bzw. die daraus resultierende Verzögerung des Zellzyklus der V79 Zellen wahrscheinlich über unterschiedliche Mechanismen vermittelt wird, wobei die Interaktion mit Topoisomerasen bzw. DNA-Polymerasen involviert sein könnte. Diesbezüglich, sowie hinsichtlich der Genotoxizität von 4-HO-AOH, sind weitere Untersuchungen nötig.

3.5.3 Mutagenität

4-HO-AOH wirkte, wie in den vorangegangenen Abschnitten beschrieben, deutlich zytotoxischer als AOH. Im Gegensatz dazu konnte jedoch keine Induktion von Mutationen am *hprt*-Genlokus beobachtet werden. Vielmehr sank die MF der mit 4-HO-AOH behandelten Zellen ab einer Konzentration von 10 µM signifikant unter das Kontrollniveau (Abb. 3.23, Säulen).

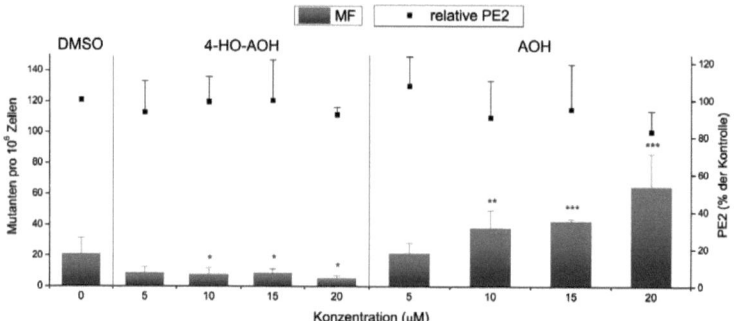

Abb. 3.23: Mutantenfrequenz (MF, Säulen) und Kolonienbildungsfähigkeit (PE2, Symbole) zum Zeitpunkt der Selektion nach Behandlung von V79 Zellen mit Lösungsmittel alleine (0,5% DMSO), 4-HO-AOH oder AOH für 24 h. Dargestellt sind die Mittelwerte und SA aus je mindestens drei unabhängigen Experimenten. Signifikante Unterschiede zur Kontrolle wurden für die MF mittels t-Test berechnet; * $p < 0,05$, ** $p < 0,01$, *** $p < 0,001$.

Die mit 4-HO-AOH inkubierten Zellen bildeten in Anwesenheit von 6-TG nahezu keine Kolonien, sodass die MF ab einer Konzentration von 10 µM signifikant unter das Niveau der Lösungsmittelkontrolle sank; die Kolonienbildungsfähigkeiten (PE2) in 6-TG-freiem Kulturmedium hingegen waren für alle Proben vergleichbar, sodass keine generell verminderte Kolonienbildungsfähigkeit, beispielsweise verursacht durch den in Abschnitt 3.5.2.2 beschriebenen ausgeprägten S-Phase-Arrest, hierfür verantwortlich sein kann. Es ist anzunehmen, dass auch ein Teil der spontanen HPRT-Mutanten durch die Behandlung mit 4-HO-AOH die Resistenz gegenüber 6-TG verloren hat. Dies könnte darauf zurückzuführen sein, dass durch substanzinduzierte Mutationen neben der HPRT-katalysierten Rettung der Purinbasen auch die *de novo*-Nukleotidsynthese zum Erliegen kommt.

3.5. Zytotoxizität und Mutagenität von 4-HO-AOH in V79 Zellen

Bei der Bestimmung der PE2 werden demnach Zellen mit aktiver HPRT und/oder funktionaler *de novo*-Nukleotidsynthese erfasst; in Anwesenheit von 6-TG sind nur noch die Zellen kolonienbildungsfähig, die inaktive HPRT exprimieren, aber weiterhin in der Lage sind, ihren Nukleotidbedarf über die *de novo*-Synthese zu decken.

Das unterschiedliche Verhalten von AOH und 4-HO-AOH im HPRT-Genmutationstest und den ergänzend durchgeführten Untersuchungen lässt darauf schließen, dass Muttersubstanz und oxidativer Metabolit über unterschiedliche Mechanismen wirken. Wie in Abschnitt 3.4 und in den dort zitierten Literaturstellen ausgeführt, induziert AOH konzentrationsabhängig Mutationen am HPRT-Genlokus sowie einen ausgeprägten Arrest in der G2-Phase des Zellzyklus, wozu die durch Inhibierung der Topoisomerasen induzierten DNA-Strangbrüche und die in der Folge gebildeten Deletionen möglicherweise einen wichtigen Beitrag leisten. Dass durch AOH sowohl kleinere als auch größere Deletionen induziert werden, konnte in Mauslymphomzellen mit Hilfe des TK-Tests gezeigt werden (Brugger et al., 2006). Es ist bislang jedoch nicht bekannt, ob auch 4-HO-AOH (bzw. die hydroxylierten AOH-Metaboliten im Allgemeinen) in der Lage ist, mit Topoisomerasen zu interagieren.

Auf Grund ihrer strukturellen Eigenschaften ist abgesehen davon jedoch die oxidative Schädigung der DNA durch reaktive Sauerstoffspezies, die während des Redox-Cyclings der Catechole und Hydrochinone gebildet werden können, wahrscheinlich. Die dabei resultierenden *o*- oder *p*-Chinone können auf Grund ihres elektrophilen Charakters zudem möglicherweise kovalente Addukte mit der DNA bilden. Diese verschiedenen genotoxischen Wirkungen und daraus resultierende zusätzliche Mutationen könnten eine Erklärung für den Verlust der 6-TG-Resistenz nach Behandlung der Zellen mit 4-HO-AOH darstellen.

Um diese These zu belegen und das genotoxische und mutagene Potential der oxidativen AOH-Metaboliten näher zu beleuchten, sind weitere Untersuchungen nötig. Insbesondere der Einfluss geringer Konzentrationen der Metaboliten in Anwesenheit der Muttersubstanz sollte dabei Gegenstand zukünftiger Studien sein. Die in dieser Arbeit angewandten Methoden sind für solche Fragestellungen möglicherweise nicht ausreichend empfindlich.

3.6 Reaktion von 4-HO-AOH mit Glutathion

Catechole können in Anwesenheit von Metallionen über Ein-Elektronen-Reaktionen zu Semichinonradikalen und in der Folge zu Chinonen oxidiert werden (Zhang et al., 1996). Dies ist in Abb. 3.24 am Beispiel von 4-HO-AOH schematisch dargestellt.

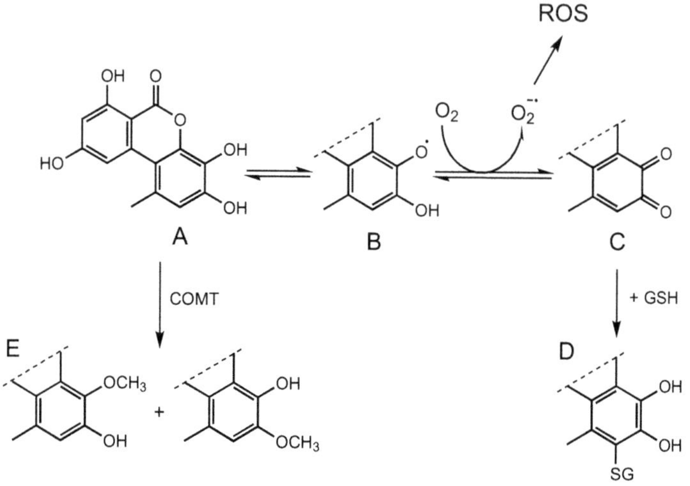

Abb. 3.24: Schematische Darstellung der Entstehung reaktiver Sauerstoffspezies durch Oxidation von 4-HO-AOH sowie der möglichen Inaktivierungswege für die Catechol- und die Chinonform. Die Oxidation des Catechols (A) läuft über das Semichinonradikal (B) hin zum Chinon (C). Dieses reagiert möglicherweise mit GSH unter Bildung eines Monoaddukts (D). 4-HO-AOH selbst kann in zellulären Systemen durch COMT methyliert werden, wobei zwei MP entstehen (E). ROS, reaktive Sauerstoffspezies

Die Übertragung der Elektronen erfolgt dabei häufig auf Sauerstoff, wobei das Superoxidanionradikal entsteht, welches beispielsweise durch Disproportionierung zu H_2O_2 reagieren kann. Daraus wird in der Folge das hochreaktive Hydroxylradikal gebildet (Bolton et al., 2000; Schweigert et al., 2001).

3.6. Reaktion von 4-HO-AOH mit Glutathion

In zellulären Systemen wird die Rückreaktion des Chinons zum Catechol beispielsweise durch NADPH-abhängige Reduktasen katalysiert (Monks et al., 1992). Das regenerierte Catechol steht dann erneut zur Oxidation zur Verfügung. Dieses sog. Redox-Cycling verstärkt das Ausmaß der Bildung reaktiver Sauerstoffspezies, wodurch oxidativer Stress induziert wird.

Daneben stellt die Arylierung von Proteinen und DNA-Basen einen weiteren Mechanismus dar, der zur Toxizität von Catecholen beitragen kann (Bolton et al., 2000). Vor allem die Thiolgruppen an Cystein-Resten, aber auch Aminogruppen, beispielsweise in Lysin-Seitenketten und an DNA-Basen, sind Angriffspunkte für die Bildung kovalenter Addukte. Diese verläuft nach dem Mechanismus der Michael-Addition (Wang et al., 2006). Auch das zelluläre Antioxidans GSH besitzt eine Thiolgruppe, welche reaktiv gegenüber Chinonen ist. Die Entstehung von GSH-Addukten nach der Oxidation zum Chinon ist für eine Vielzahl an Catecholen beschrieben, darunter die Catecholestrogene und hydroxylierte Metaboliten von polyzyklischen aromatischen Kohlenwasserstoffen (Iverson et al., 1996; Murty und Penning, 1992a,b). Die Konjugation mit GSH wird im Allgemeinen als Entgiftung verstanden, während die Bildung von Protein- und DNA-Addukten meist von toxikologischer Relevanz ist.

Die Reaktivität der hydroxylierten Metaboliten von AOH gegenüber GSH wurde in der vorliegenden Arbeit analog zur Mutagenität exemplarisch für 4-HO-AOH untersucht. Das Catechol wurde hierzu mit der äquimolaren bzw. zehnfachen Menge GSH in Phosphatpuffer inkubiert. Die Oxidation zum Chinon erfolgte durch die Zugabe von Cu^{2+}-Ionen bzw. Meerrettich-Peroxidase (horseradish peroxidase, HRP) und H_2O_2 (vgl. 5.5). Im Anschluss an die Inkubation wurden die gebildeten GSH-Addukte mittels LC-DAD-MS analysiert und anhand charakteristischer Fragmentierungen auf MS^2- und MS^3-Ebene identifiziert.

In Abb. 3.25 sind die HPLC-Profile nach 5-minütiger Inkubation äquimolarer Mengen von 4-HO-AOH und GSH ohne Aktivierung (links) sowie nach Zugabe von $CuCl_2$ (rechts) bzw. HRP und H_2O_2 (unten) dargestellt. Ohne Aktivierung und in Anwesenheit von Cu^{2+}-Ionen konnte jeweils ein zusätzlicher Peak detektiert werden, der nicht in den Kontrollinkubationen ohne GSH zu beobachten war. Der Vergleich von Retentionszeiten, UV- und Massenspektren ergab, dass es sich bei beiden Inkubationen um das gleiche Produkt handelt.

Kapitel 3. Ergebnis und Diskussion

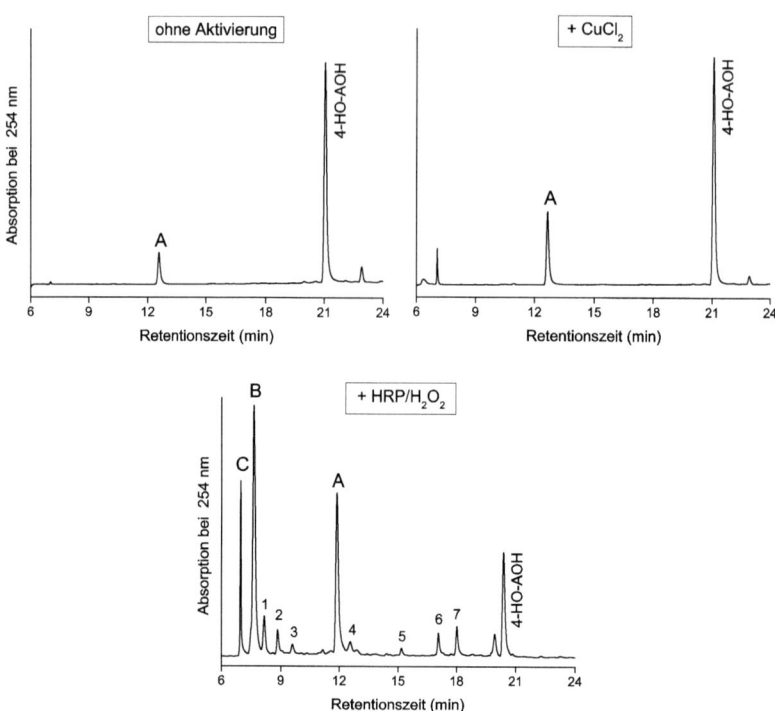

Abb. 3.25: HPLC-Profile nach der Inkubation von je 40 µM 4-HO-AOH und GSH alleine (links) sowie in Anwesenheit von 200 µM $CuCl_2$ (rechts) bzw. HRP (0,5 mg/ml und 0,5 mM H_2O_2 (unten). Peak A (m/z 578): mono-GSH-Addukt, reduzierte Form; Peak B (m/z 576): mono-GSH-Addukt, oxidierte Form; Peak C (m/z 883): di-GSH-Addukt, reduzierte Form. Bei den mit arabischen Ziffern versehenen Peaks handelt es sich um Oxidationsprodukte, die ähnliche UV-Spektren wie 4-HO-AOH aufweisen, jedoch nicht näher charakterisiert wurden.

Peak A besitzt ein ähnliches UV-Spektrum wie 4-HO-AOH, bei dem lediglich geringe Verschiebungen der Maxima zu beobachten sind. Bei der massenspektrometrischen Analyse im negativen ESI-Modus entsteht das [M-H]-Ion mit m/z 578, welches einem mono-GSH-Addukt von 4-HO-AOH entspricht. Das MS^2-Spektrum weist zudem die für GSH-Addukte typischen Fragmentierungen auf. Dies ist in Abb. 3.26 dargestellt.

Bei der Fragmentierung im negativen ESI-Modus kann GSH entweder komplett (Fragmention m/z 272) oder ohne das Schwefelatom (m/z 305) abgespalten werden. Der Verlust des Glutamylrests resultiert in dem Fragmention mit m/z 449. Eine Zusammenstellung der Fragmentionen und ihrer Intensitäten bei der MS^2- und MS^3-Analyse ist in Anhang A.1 zu finden.

3.6. Reaktion von 4-HO-AOH mit Glutathion

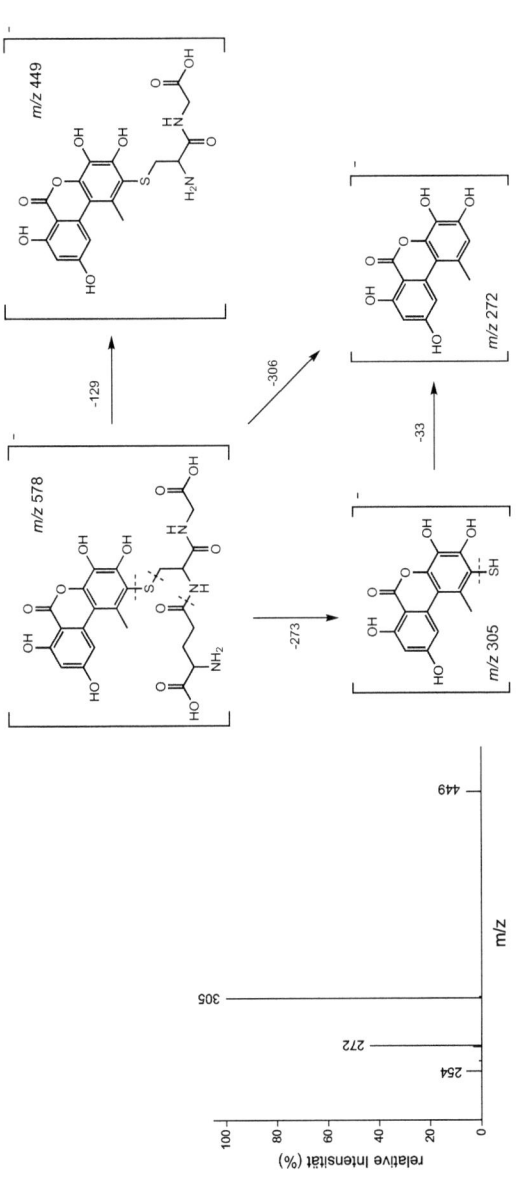

Abb. 3.26: Das MS²-Spektrum von Peak A (m/z 578) nach LC-DAD-MS Analyse im negativen ESI-Modus (links) und die postulierte Fragmentierung des mono-GSH-Addukts von 4-HO-AOH (rechts). Das Hauptfragment mit m/z 305 entsteht durch Abspaltung des GSH-Rests ohne das Schwefelatom. Wird GSH komplett abgespalten, resultiert das Fragment mit m/z 272. Ein weiteres Fragmention (m/z 449) entsteht durch den Verlust des Glutamylrests.

Kapitel 3. Ergebnis und Diskussion

In Anwesenheit von CuCl$_2$ war der Umsatz zu Verbindung A nur unwesentlich höher als ohne Aktivierung. Nach Zusatz von HRP und H$_2$O$_2$ konnte die Entstehung zahlreicher Peaks beobachtet werden (Abb. 3.25), welche ähnliche UV-Spektren wie 4-HO-AOH aufweisen. Bei den mit Ziffern nummerierten Peaks handelt es sich um oxidative Abbauprodukte von 4-HO-AOH, welche nicht näher identifiziert wurden. Die MS-Analyse im negativen ESI-Modus ergab für Peak B bzw. Peak C die [M-H]-Ionen mit m/z 576 bzw. m/z 883. Diese entsprechen der oxidierten Form eines mono-GSH-Addukts bzw. einem di-GSH-Addukt. Analog zu Peak A konnten auf MS^2- und MS^3-Ebene die für GSH-Addukte charakteristischen Fragmentierungen beobachtet werden (vgl. A.1). Da die Entstehung des Diaddukts und der oxidierten Form des Monoaddukts auf das stark oxidative Milieu zurückzuführen ist, sind beide Verbindungen unter physiologischen Bedingungen vermutlich nicht relevant.

GSH-Addukte können nicht nur spontan, sondern auch enzymkatalysiert durch GST gebildet werden. Dies wurde durch Coinkubation von 4-HO-AOH mit GSH und Rattenlebercytosol untersucht. Die darin enthaltenen GST-Isoformen führten jedoch nicht zu einer gesteigerten Bildung von GSH-Addukten.

Die genaue Position, an die GSH addiert wurde, konnte nicht bestimmt werden. In der Regel erfolgt die Adduktbildung bei einer Michael-Addition an α,β-ungesättigte Carbonylverbindungen in α-Stellung zur Carbonylgruppe. Dies entspricht der Position 2 von 4-HO-AOH. Der mögliche Mechanismus der Michael-Addition von GSH an die oxidierte Form von 4-HO-AOH ist in Abb. 3.27 dargestellt. Auf Grund des konjugierten π-Elektronen-Systems sind Umlagerungsreaktionen möglich, die eine Aktivierung der beiden nicht-substituierten aromatischen C-Atome (C-8 und C-10) zur Folge haben können. Dadurch ist die Entstehung des Diaddukts in Anwesenheit von HRP und H$_2$O$_2$ zu erklären.

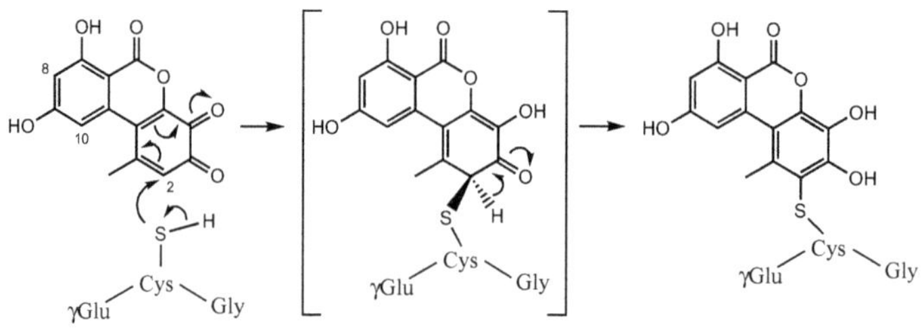

Abb. 3.27: Postulierter Mechanismus der Michael-Addition von GSH an die Chinonform von 4-HO-AOH.

3.6. Reaktion von 4-HO-AOH mit Glutathion

Ob die Bildung von GSH-Addukten im zellulären System relevant ist, sollte anhand der Inkubation von V79 Zellen mit 4-HO-AOH untersucht werden. Nach dreistündiger Inkubation mit 5 µM 4-HO-AOH konnten im Kulturmedium mittels MS^2-Analyse lediglich Spuren des Monoaddukts (Peak A, vgl. Abb. 3.25) detektiert werden. Gleichzeitig waren die beiden MP mittels UV-Detektion nachweisbar. Dies lässt darauf schließen, dass die Methylierung gegenüber der Addition an GSH bevorzugt ist.

Da nach 24 h nur noch die beiden MP zu beobachten waren, ist davon auszugehen, dass das GSH-Addukt von 4-HO-AOH, wie auch das Catechol selbst, im Medium instabil ist. Dies ist dadurch zu erklären, dass die Catecholstruktur auch nach der Addition des GSH noch vorhanden ist, wodurch das Addukt erneut oxidiert werden und in der Zelle oder im Kulturmedium abreagieren kann.

Im Gegensatz dazu wird das Catechol bei der Methylierung inaktiviert, weshalb die MP auch nach 24-stündiger Inkubation im Medium nachzuweisen sind und diese Reaktion zumindest hinsichtlich der Redox-Aktivität von 4-HO-AOH als Entgiftung zu werten ist.

Auf Grund der Instabilität des GSH-Addukts können keine verlässlichen Aussagen darüber getroffen werden, in welchem Ausmaß die Addition von GSH an 4-HO-AOH in V79 Zellen tatsächlich erfolgt. Es deutet sich jedoch an, dass die Methylierung gegenüber der Bildung von GSH-Addukten bevorzugt ist. V79 Zellen weisen eine mit 100 pmol·(min·mg Protein)$^{-1}$ vergleichsweise geringe COMT-Aktivität auf (unveröffentlichte Ergebnisse aus dem Arbeitskreis). Humane Zellen, wie beispielsweise die MCF-7 Brustkrebszelllinie, besitzen im Vergleich dazu eine um den Faktor 10 höhere COMT-Aktivität (Lehmann et al., 2008). Daher könnte die Entstehung der MP in humanen Zellen noch deutlich stärker ausgeprägt sein.

Insgesamt ist festzuhalten, dass die Reaktivität der oxidativen AOH-Metaboliten gegenüber GSH zwar vorhanden, jedoch als eher schwach zu bewerten ist.

4
Zusammenfassung

Die Mykotoxine Alternariol (AOH) und Alternariol-9-methylether (AME) zählen zu den am häufigsten in Lebensmitteln nachgewiesenen *Alternaria*-Toxinen. Die Exposition des Verbrauches ist daher gegeben; dennoch existieren bisher nur wenige Studien hinsichtlich der Toxikokinetik und der Toxizität von AOH und AME.

In der vorliegenden Arbeit wurden daher hauptsächlich *in vitro*-Untersuchungen zur Resorption, zum oxidativen Metabolismus und zur Mutagenität von AOH und AME durchgeführt, welche einen Beitrag zur Risikobewertung dieser Verbindungen liefern sollen.

I. Untersuchungen zur Toxikokinetik

Die Bestimmung der *in vitro*-Resorption von AOH und AME erfolgte mit Hilfe des Caco-2 Millicell® Systems. Dabei konnte gezeigt werden, dass AOH sowohl unkonjugiert als auch in Form des 3-*O*- und 9-*O*-Glucuronids sowie des 3-*O*-Sulfats auf die basolaterale Seite gelangte. AME hingegen erreichte das basolaterale Kompartiment ausschließlich in Form des 3-*O*-Glucuronids. Die berechneten P_{app}-Werte, welche ein Maß für die zu erwartende *in vivo*-Resorption darstellen, weisen darauf hin, dass AOH schnell und in großem Ausmaß resorbiert wird, während für AME nur eine geringe *in vivo*-Resorption zu erwarten ist.

Frühere Untersuchungen unseres Labors haben gezeigt, dass durch die aromatische Hydroxylierung von AOH und AME Catechole oder Hydrochinone entstehen, die möglicherweise von toxikologischer Relevanz sind. Welche humanen Cytochrom P450 (CYP) -Isoenzyme die Oxidation von AOH und AME katalysieren, wurde mit Hilfe von Supersomen® untersucht. Dabei kamen zusätzlich die ebenfalls von *Alternaria* gebildeten Stereoisomere Altenuen (ALT) und Isoaltenuen (isoALT) zum Einsatz.

AME wurde von den meisten der getesteten humanen CYP-Isoformen mit deutlich höherer Aktivität umgesetzt als AOH, wobei CYP1A1 für beide Verbindungen das mit Abstand aktivste Isoenzym darstellte. Daneben wiesen unter anderem CYP1A2, CYP3A4 und CYP2C19 hohe Aktivitäten für AOH und AME auf. Diese Aktivitätsprofile lassen vermuten, dass die Hydroxylierung der beiden *Alternaria*-Toxine hauptsächlich in den direkt exponierten Geweben wie der Speiseröhre oder der Lunge stattfindet.

Kapitel 4. Zusammenfassung

Die im Caco-2 Modell beobachteten Unterschiede in der Resorption weisen außerdem darauf hin, dass für AOH der hepatische Phase I-Metabolismus von Bedeutung ist, während AME überwiegend lokal im Dünndarm metabolisiert werden dürfte. Auch für ALT und isoALT ist der Dünndarm vermutlich der Hauptort des oxidativen Metabolismus, da die beiden aktivsten Isoformen, CYP2C19 und CYP2D6, dort stark exprimiert sind.

Die *in vivo*-Relevanz des oxidativen Metabolismus von AOH und AME wurde mit Hilfe von Präzisionsgewebeschnitten untersucht. Dabei sollte gezeigt werden, dass die Hydroxylierung von AOH und AME auch bei gleichzeitigem Phase II-Metabolismus wie Glucuronidierung und Sulfonierung stattfindet. Nach der Inkubation von Rattenleberschnitten mit AOH konnten im Kulturmedium alle vier Catechole sowie einige der durch Catechol-*O*-Methyltransferasen (COMT) gebildeten Methylierungsprodukte mittels LC-DAD-MS detektiert werden. Im Gegensatz dazu wurden nur zwei der vier möglichen hydroxylierten AME-Metaboliten sowie einige der entsprechenden Methylierungsprodukte nachgewiesen. Die Gesamtmetabolitenmenge war dabei für AME deutlich geringer als für AOH. Dies steht im Widerspruch zu den mit Supersomen® ermittelten Aktivitäten der humanen CYP, welche hinsichtlich der hepatischen Isoenzyme für AME tendenziell höher waren.

Eine zusätzliche Bestätigung der *in vivo*-Relevanz des oxidativen AOH-Metabolismus lieferte ein Tierexperiment, bei dem zwei anästhesierte Ratten je 2 mg AOH per Schlundsonde erhielten. Die bis 4,5 h nach der Verabreichung gesammelte Gallenflüssigkeit der Tiere wurde mittels GC-MS analysiert, wobei alle vier AOH-Catechole sowie einige der Methylierungsprodukte nachgewiesen werden konnten. Die Quantifizierung von AOH ergab außerdem, dass bis 4,5 h nach AOH-Gabe nur etwa 2% der Dosis biliär ausgeschieden wurden. Der First-Pass-Effekt ist für AOH somit nur schwach ausgeprägt, weshalb nach der *in vivo*-Resorption die Verteilung von AOH im gesamten Organismus erfolgen kann.

II. Untersuchungen zur Toxizität *in vitro*

Die Bestimmung der Zytotoxizität und der Mutagenität am *hprt*-Genlokus in V79 Zellen wurde für AME und ALT im direkten Vergleich zu AOH durchgeführt. AME induzierte analog zu AOH einen G_2/M-Zellzyklusarrest sowie die konzentrationsabhängige Erhöhung der Mutantenfrequenz.

Unter Berücksichtigung des in der Literatur beschriebenen klastogenen Potentials ist die mutagene Wirkung von AOH vermutlich zu einem Großteil auf die Entstehung größerer Chromosomendeletionen zurückzuführen, wobei die molekulare Ursache hierfür in der Inhibierung von Topoisomerasen durch AOH zu sehen ist. Auch AME ist als Topoisomerase-Inhibitor beschrieben; die strukturelle Ähnlichkeit sowie die vergleichbaren Ergebnisse für AOH und AME lassen darauf schließen, dass beide Verbindungen über diesen Mechanismus wirken. Das genotoxische bzw. mutagene Potential von AME ist dabei auf Grund der schwächer ausgeprägten Effekte und der höheren intrazellulären Konzentration, welche in V79 Zellen bestimmt wurde, im Vergleich zu AOH als deutlich geringer einzuschätzen. ALT erwies sich in allen durchgeführten Versuchen als nicht-toxisch, wobei möglicherweise die sehr geringe zelluläre Aufnahme für das Ausbleiben der Effekte verantwortlich ist.

Erste Untersuchungen hinsichtlich des toxischen Potentials der oxidativen AOH-Metaboliten wurden am Beispiel von 4-HO-AOH durchgeführt, wobei es sich um einen der Hauptmetaboliten bei der oxidativen Umsetzung von AOH mit humanen rekombinanten CYP-Isoenzymen handelt. 4-HO-AOH zeigte eine starke Zytotoxizität in V79 Zellen, die sich vor allem in einer ausgeprägte Verzögerung der Replikation äußerte. Auf Grund dieser Störung der Replikation konnten im HPRT-Test keine Mutationen nachgewiesen werden. Die molekulare Ursache der Induktion des S-Phase-Arrests liegt möglicherweise in der Interaktion von 4-HO-AOH mit DNA-Polymerasen. Strukturell ähnliche Verbindungen wie Dehydroaltenusin sind in der Literatur als potente DNA-Polymerase-Inhibitoren beschrieben; ob auch 4-HO-AOH zu diesen Substanzen zählt, ist bisher nicht untersucht.

4-HO-AOH erwies sich während der Inkubation von V79 Zellen als sehr reaktiv und konnte nach 24 h nur noch in Form der methylierten Metaboliten nachgewiesen werden. Dies lässt darauf schließen, dass die Methylierung eine Inaktivierung darstellt. Als eine weitere potentielle Entgiftungsreaktion für 4-HO-AOH wurde die Bildung von Glutathion (GSH) -Addukten untersucht. Im zellfreien System war die Entstehung eines mono-GSH-Addukts von 4-HO-AOH zu beobachten, welches durch charakteristische Fragmentierungen in der LC-DAD-MS Analyse identifiziert werden konnte. Auch in V79 Zellen entstand dieses GSH-Addukt in geringen Mengen, erwies sich jedoch als instabil. Die Konjugation von 4-HO-AOH mit GSH ist gegenüber der COMT-katalysierten Methylierung demnach zu vernachlässigen und stellt vermutlich auf Grund der Aufrechterhaltung der Catecholstruktur keine Inaktivierungsreaktion dar.

5 Material und Methoden

5.1 Allgemeines

5.1.1 Geräte und Verbrauchsmaterial

Geräte

Durchflusszytometer	Ploidy Analyzer® (PA) II (Partec, Münster)
Evaporator	SPD 1010 Speedvac Concentrator (Thermo Scientific, Waltham, MA, USA)
Gewebeschnitt-Apparatur	Vitron Tissue Slicer (Vitron, Tucson, AZ, USA)
Kolonienzählgerät	Colony Counter BZG 30 (WTW, Weilheim)
Mikrotiterplatten-Lesegerät	GENios (Tecan, Crailsheim)
Reinstwasseranlage	Milli-Q (Millipore, Billerica, MA, USA)
Rotationsinkubator	Dynamic Roller Culture (Vitron)
Zellzahlmessgerät	CASY® Cell Counter (Roche, Mannheim)
Zentrifugen	Universal 30F (Hettich, Tuttlingen)
	5415D, 5417R und 5810R Tischzentrifugen (Eppendorf, Hamburg)

Kapitel 5. Material und Methoden

Verbrauchsmaterial

CASY® Cups	aus Polypropylen; für CASY® Cell Counter (Roche)
Millicell-24	Einsatz für 24-Well Platten (Millipore)
Multiwellplatten	steril, Nunclon™ 6-Well, 24-Well und 96-Well (Thermo Scientific)
Spritzenfilter	Porengröße 0,2 µm (Carl Roth)
Sterilfilter Bottle-Top	Nalgene® Aufsätze für Schott-Flaschen (∅ 45 mm); Porengröße 0,2 µm (VWR International, Bruchsal)
Szintillationsgläser	20 ml (Wheaton, Millville, NJ, USA)
Zellkulturflaschen	steril mit Filter im Deckel; Wachstumsfläche 175 cm² (Greiner Bio-One, Kremsmünster, Österreich)
Zellkulturschalen	steril, ∅ 4 cm, 10 cm und 15 cm (Biochrom, Berlin)

5.1.2 Chemikalien

Alle verwendeten Chemikalien und Enzyme wurden, sofern nicht anders angegeben, von Sigma-Aldrich (Taufkirchen) bezogen und waren mindestens „zur Synthese". Zur Herstellung der Puffer und Pulvermedien sowie als Fließmittel für die HPLC wurde bidestilliertes (bidest.) Wasser verwendet. Weitere Fließmittel waren Acetonitril (ACN) für die HPLC Gradientenanalyse bzw. für die LC-MS sowie Methanol für die LC-MS (Carl Roth, Karlsruhe).

Alternaria-**Toxine und Referenzsubstanzen**

ALT	aus einer Totalsynthese nach Altemoller et al. (2006); freundlicherweise zur Verfügung gestellt von J. Podlech (Institut für Organische Chemie, KIT, Karlsruhe)
AME	Reinheit ≥ 96%; enthält 2,2% AOH (mittels HPLC bestimmt)
AOH	aus einer Totalsynthese nach Koch et al. (2005); enthält 1,1% AME (mittels HPLC bestimmt); freundlicherweise zur Verfügung gestellt von J. Podlech
Graphislacton A	aus einer Totalsynthese nach Altemoller et al. (2009); freundlicherweise zur Verfügung gestellt von J. Podlech

Isolierte Enzyme

β-Glucuronidase	Typ B-1 aus Rinderleber; lyophilisiertes Pulver
Glutathion Reduktase	aus Backhefe; $(NH_4)_2SO_4$-Suspension (pH 7)
HRP	Typ VI aus Meerrettich; lyophilisiertes Pulver
Isocitrat Dehydrogenase	Typ IV aus Schweineherz; Glycerol-EDTA-Puffer (pH 6)
Sulfatase	Typ VI aus *Aerobacter aerogenes*; Glycerol-Tris-Puffer (pH 7,5)

Sonstige

CASYton Counter Puffer	gepufferte Lösung für CASY® Cell Counter (Roche)
CyStain® 1-Step	DNA/Protein-Färbelösung (Partec, Münster)
Sheath Fluid	für die Durchflusszytometrie, mit 0,01% Natriumazid und Detergens (Partec)

Medien und Zusätze für die Zell- und Gewebekultur

DMEM high glucose	steriles Flüssigmedium mit Phenolrot, D-Glucose (4,5 g/l), L-Glutamin, Natriumpyruvat und $NaHCO_3$
DMEM/F12	Pulvermedium mit Phenolrot, D-Glucose (3,15 g/l), L-Glutamin, HEPES und Natriumpyruvat; ohne $NaHCO_3$
Fetales Kälberserum (FKS)	Invitrogen, Karlsruhe
Geneticindisulfat	Carl Roth
Gentamicin	wässrige Lösung (50 mg/ml), steril
Penicillin/Streptomycin	wässrige Lösung (10 kU/ml Penicillin und 10 mg/ml Streptomycin), steril
Trypsin	wässrige Lösung mit 2,5% Trypsin (w/v), steril
Waymouth MB 752/1	Pulvermedium mit Phenolrot, D-Glucose (5 g/l) und L-Glutamin; ohne $NaHCO_3$

5.1.3 Biologische Materialien und Versuchstiere

5.1.3.1 Versuchstiere

Zur Präparation der Präzisionsgewebeschnitte wurden Lebern männlicher SD-Ratten (Harlan-Winkelmann, Borchen) verwendet. Die Tiere wurden in einem 12 h hell/dunkel-Rhythmus gehalten und bekamen Wasser und kommerzielles Tierfutter *ad libitum*. Der Tierversuch zur Kollektion der Galle zweier SD-Ratten nach oraler AOH-Gabe wurde am Insitut für Toxikologie der Universität Würzburg nach den Richtlinien des Deutschen Tierschutzgesetzes durchgeführt (Referenz-Nr. 54-2531.01-59/05).

5.1.3.2 Zellfraktionen

Mikrosomen und Cytosol wurden im Arbeitskreis wie bereits beschrieben aus den frisch entnommenen Lebern von SD- oder Wistar-Ratten hergestellt (Pfeiffer et al., 2007b) und der Proteingehalt nach Bradford (vgl. 5.7) bestimmt. Supersomen® von BD Gentest (Heidelberg) sind Mikrosomen aus Sf9 Insektenzellen, die mit einem Baculovirus infiziert wurden, welcher die cDNA für je ein humanes CYP-Isoenzym enthält. Der CYP-Gehalt der Suspensionen betrug jeweils 1 nmol/ml. Folgende Isoformen wurden verwendet: CYP1A1, 1A2, 1B1, 2A6, 2B6, 2C8, 2C9, 2C19, 2D6, 2E1, 3A4 und 3A5.

Die gepoolten HLM von 30 Spendern (21 Männer und 9 Frauen; 26 Kaukasier, 1 Asiate, 2 Hispanos und 1 Afroamerikaner; Alter von 10 bis 77) wurden ebenfalls von BD Gentest bezogen (Katalog-Nr. 452161, Lot-Nr. 49771). Der Proteingehalt betrug 20 mg/ml und folgende Isoformen waren laut Datenblatt enthalten: CYP1A2, 2A6, 2B6, 2C8, 2C9, 2C19, 2D6, 2E1 und 3A. Alle Zellfraktionen wurden bei −80°C gelagert.

5.1.3.3 Permanente Zelllinien

Caco-2   humane Kolonkarzinomzellen (DSMZ, Braunschweig; Nr. ACC169); Kultivierung bis Passage 80 in DMEM/F12 mit 10% FKS; Verdopplungszeit: 24 h

V79   Lungenfibroblasten des männlichen Chinesischen Hamsters (Doehmer, 17.10.04); Kultivierung (ausgenommen HPRT-Test) bis Passage 30 in DMEM mit 10% FKS; Verdopplungszeit: 12 h

V79 h1A1   exprimieren humanes CYP1A1 (Doehmer, 22.05.07); Kultivierung bis Passage 30 in DMEM mit 10% FKS und 0,5 mg/ml Geneticindisulfat; Verdopplungszeit: 14 h

5.1.4 Puffer, Medien und Zusätze

Kaliumphosphat- und Tris-Puffer

Für Arbeiten mit Zellfraktionen (vgl. 5.2.1).

Eine 0,1 M K_2HPO_4-Lösung wurde vorgelegt und der gewünschte pH-Wert (7,4) durch Zugabe der 0,1 M KH_2PO_4-Lösung eingestellt.

Für den Tris-Puffer wurde eine 0,05 M Tris(hydroxymethyl)aminomethan (Tris) -Lösung mit 0,1 N HCl auf pH 7,5 eingestellt.

HBSS, PBS und Krebs-Henseleit-Puffer

Krebs-Henseleit-Puffer (KHP) wurde zur Präparation von Gewebeschnitten eingesetzt (vgl. 5.3). HBSS wurde in der Caco-2 Kultur verwendet (vgl. 5.9), PBS für Arbeiten mit allen anderen Zelllinien (vgl. 5.6). PBS-EDTA diente als Grundlage für die Trypsinlösungen.

Kapitel 5. Material und Methoden

In der folgenden Tabelle sind Zusammensetzungen der verschiedenen Puffer aufgeführt:

	Konzentration (mM)			
	HBSS	PBS	PBS-EDTA	KHP
NaCl	140	100	100	118
D–Glucose	5,6	–	–	25
Na_2HPO_4	0,3	7	7	–
NaH_2PO_4	4,4	–	–	–
KCl	5,3	4,5	4,5	4,8
KH_2PO_4	0,4	3	3	1
$CaCl_2$	1,9	–	–	2,9
$MgCl_2$	0,5	–	–	–
$MgSO_4$	–	–	–	1,2
EDTA	–	–	0,5	–

Alle Komponenten wurden in 90% des Endvolumens gelöst und ein pH-Wert von 7,4 mit 0,1 N NaOH oder HCl eingestellt. Die Puffer wurden nach dem Auffüllen auf das Endvolumen sterilfiltriert. KHP enthielt zusätzlich 50 mg/l Gentamicin.

Medien für die Zell- und Gewebekultur

In der folgenden Tabelle sind die verwendeten Zell- und Gewebekulturmedien zusammengefasst:

	DMEM	DMEM/F12	Waymouth
Einsatzgebiet	Zellkultur	Zellkultur	Gewebekultur
Zelllinie	V79	Caco-2	–
Zusatz von $NaHCO_3$	–	1,2 g/l	2,2 g/l

Die Pulvermedien DMEM/F12 und Waymouth MB 752/1 wurden unter Zugabe von $NaHCO_3$ in bidest. Wasser (90% des Endvolumens) gelöst und ein pH-Wert von 6,8-6,9 eingestellt. Nach dem Auffüllen auf das Endvolumen wurde sterilfiltriert, wobei sich der pH-Wert auf etwa 7,4 erhöhte.

5.1. Allgemeines

Zusätze für die Zell- und Gewebekultur

Geneticindisulfat:

Zur Selektion der transfizierten V79 h1A1-Zellen. Geneticindisulfat wurde in PBS gelöst (50 mg/ml), sterilfiltriert und in DMEM auf eine Endkonzentration von 0,5 mg/ml verdünnt.

Gentamicin:

Wurde anstelle von Penicillin-Streptomycin als Antibiotikum in der Gewebekultur eingesetzt. Gentamicin wurde in bidest. Wasser gelöst (50 mg/ml), sterilfiltriert und in Waymouth MB 752/1 Medium auf eine Endkonzentration von 50 µg/ml verdünnt.

Penicillin-Streptomycin:

Die Zellkulturmedien wurden vor Verwendung mit 100 U/ml Penicillin und 0,1 mg/ml Streptomycin versetzt. Hierzu wurde die gebrauchsfertige Lösung im jeweiligen Medium 1:100 verdünnt.

6-TG:

Selektionsmittel für HPRT-Mutanten. 20 mg/ml 6-TG wurden in 1 N NaOH gelöst und sterilfiltriert. Die Lösung wurde jeweils am Tag der Selektion frisch angesetzt und in DMEM auf eine Endkonzentration von 7 µg/ml verdünnt.

Trypsin-EDTA:

Die 2,5%ige gebrauchsfertige Trypsinlösung wurde mit sterilem PBS-EDTA 1:10 auf 0,25% (für V79) bzw. 1:4 auf 0,625% (für Caco-2) verdünnt. Vorräte wurden bei -20°C, angebrochene Lösungen bei $+4$°C gelagert.

5.2 Generierung von Referenzsubstanzen

5.2.1 Inkubationen von Zellfraktionen

5.2.1.1 Oxidative mikrosomale Umsetzung

Die Generierung der hydroxylierten Metaboliten als Referenzsubstanzen oder zur anschließenden Methylierung (vgl. 5.2.1.3) erfolgte durch Inkubation von Mikrosomen mit den Toxinen bei 37°C in Kaliumphosphatpuffer (0,1 M; pH 7, 4). Es wurden Lebermikrosomen männlicher und weiblicher SD- bzw. Wistar-Ratten verwendet, um die unterschiedlichen hydroxylierten Metaboliten für weitere Versuche in ausreichenden Mengen zu generieren. Der Cofaktor NADPH wurde analog zu Pfeiffer et al. (2007b) mit Hilfe eines NADPH-generierenden Systems direkt im Inkubationsansatz erzeugt. Das Gesamtvolumen der Ansätze betrug 1 ml, der DMSO-Gehalt 0,5%.

Inkubationsansatz:

Substrat	50 µM
mikrosomales Protein	1 mg/ml
Isocitrat Dehydrogenase	0,9 U
Isocitrat	9,4 mM
$MgCl_2$	4,3 mM
$NADP^+$	1,21 mM

Durchführung:

Substrat, mikrosomales Protein und Kaliumphosphatpuffer wurden zunächst für 5 min bei 37°C inkubiert. Die Reaktion wurde durch Zugabe des NADPH-generierenden Systems, welches unmittelbar vor der Inkubation separat zusammen gemischt wurde, gestartet. Nach 40 min wurde dreimal mit je 500 µl Ethylacetat extrahiert, der Extrakt im Evaporator vom Lösungsmittel befreit, der Rückstand in 50 µl Methanol aufgenommen und zur HPLC-Analyse eingesetzt. Die Derivatisierung für die GC-MS Analyse erfolgte mittels N,O-Bis(trimethylsilyl)trifluoracetamid (BSTFA).

5.2. Generierung von Referenzsubstanzen

5.2.1.2 Oxidation mit humanen rekombinanten CYP

Die Aktivitäten verschiedener humaner CYP-Isoenzyme hinsichtlich der Hydroxylierung von AOH, AME, ALT und isoALT wurden durch oxidative Umsetzungen mit Supersomen® bestimmt. Die Inkubationsansätze in Kaliumphosphatpuffer (0,05 M; pH 7,4) oder Tris-Puffer (0,05 mM; pH 7,5) enthielten 50 µM Substrat (0,5 % DMSO) sowie 25 pmol CYP. Das Gesamtvolumen betrug 500 µl.

Die Inkubationszeiten richteten sich nach den für jede Isoform im mitgelieferten Datenblatt angegebenen linearen Bereichen, um eine lineare Kinetik der Produktbildung zu gewährleisten. Vorinkubation, Zusammensetzung des NADPH-generierenden Systems sowie nachfolgende Aufarbeitung erfolgten wie in Abschnitt 5.2.1.1 beschrieben.

Für CYP2E1, welches durch Lösungsmittel gehemmt wird, wurde die äquivalente Menge einer methanolischen Lösung eingesetzt, das Methanol unter dem Stickstoffstrom entfernt und der Rückstand durch ausgiebiges Vortexen und Ultraschall-Behandlung in entsprechenden Inkubationspuffer gelöst.

Nach HPLC-UV Analyse (vgl. 5.12.1.1) erfolgte die Quantifizierung der gebildeten hydroxylierten Metaboliten mit Hilfe externer Kalibrierungen der entsprechenden Toxine (vgl. A.4), wobei ähnliche Extinktionskoeffizienten vorausgesetzt wurden.

5.2.1.3 Methylierung

Referenzsubstanzen der MP wurden durch Inkubation der isolierten Catechole von AOH und AME mit Rattenlebercytosol (männliche SD-Ratte) und SAM generiert. SAM wurde als 20 mM Lösung in Kaliumphosphatpuffer (0,1 M; pH 7,4) bei -20°C für maximal zwei Wochen aufbewahrt.

Die hydroxylierten Metaboliten wurden mittels HPLC fraktioniert, extrahiert, die Rückstände in 5 µl DMSO (entspricht 0,5 % DMSO im Ansatz) aufgenommen und komplett zur Inkubation eingesetzt.

Kapitel 5. Material und Methoden

Inkubationsansatz:

Substrat	unbekannte Konzentration
mikrosomales Protein	1 mg/ml
$MgCl_2$	4 mM
SAM	0,5 mM

Durchführung:

Alle Komponenten mit Ausnahme des Cofaktors wurden zunächst für 5 min bei 37°C inkubiert. Im Anschluss erfolgte der Reaktionsstart durch Zugabe von SAM. Nach 30 min wurde dreimal mit je 500 µl Ethylacetat extrahiert. Der Extrakt wurde im Evaporator vom Lösungsmittel befreit, der Rückstand in 50 µl Methanol aufgenommen und zur HPLC-Analyse eingesetzt. Für die GC-MS Analyse wurde mit BSTFA derivatisiert.

5.2.1.4 Sulfonierung

Referenzsubstanzen der Sulfat-Konjugate von AOH und AME wurden durch Inkubationen mit Cytosol männlicher SD-Ratten bei 37°C in Kaliumphosphatpuffer (0,1 M; pH 7,4) generiert. Der Cofaktor PAPS wurde in einer Konzentration von 4 mM in Kaliumphosphatpuffer (0,1 M; pH 8,0) gelöst, aliquotiert und bis zur Verwendung bei −80°C gelagert. Das Gesamtvolumen der Ansätze betrug 1 ml, der DMSO-Gehalt 0,5%.

Inkubationsansatz:

Substrat	50 µM
mikrosomales Protein	1 mg/ml
$MgCl_2$	10 mM
PAPS	0,4 mM

Durchführung:

Alle Komponenten mit Ausnahme des Cofaktors wurden zunächst für 5 min bei 37°C vorinkubiert. Anschließend erfolgte der Reaktionsstart durch Zugabe von PAPS. Nach 30 min wurden die Proben für 5 min bei 2000g zentrifugiert und direkt zur HPLC-Analyse eingesetzt.

5.2.2 Synthese von 4-HO-AOH

Phenolische Verbindungen werden durch 2-Iodoxybenzoesäure (IBX) selektiv zu *o*-Chinonen oxidiert. Durch anschließende Reduktion, z. B. mit Ascorbinsäure, entsteht das entsprechende Catechol. Diese Reaktion stellt daher eine gebräuchliche Methode zur Synthese von Catecholen (Magdziak et al., 2002; Saeed et al., 2005). Für AOH sind auf diese Weise vier Produkte denkbar, jedoch erfolgte die Oxidation selektiv am C-Ring. Dabei entstand fast ausschließlich die an Position 4 hydroxylierte Verbindung.

Durchführung:

1 mg AOH wurde mit 5 mg IBX in Dimethylformamid gelöst und im Dunkeln bei Raumtemperatur für 2 h rühren gelassen. Nach einer Stunde erfolgte die Zugabe einer weiteren Spatelspitze IBX. Der Reaktionsansatz war nach Ende der Reaktionszeit dunkelbraun gefärbt. Die anschließende Zugabe von 0,5 ml einer 10-prozentigen wässrigen Ascorbinsäurelösung (w/v) führte zur nahezu vollständigen Entfärbung der Lösung.

Das Reaktionsgemisch wurde mittels präparativer HPLC fraktioniert. Als Fließmittel wurden Wasser und ein 50:50-Gemisch aus ACN und Methanol verwendet. Nach Entfernung des Lösungsmittelanteils am Rotationsverdampfer wurden die Fraktionen dreimal mit je 5 ml Ethylacetat extrahiert und anschließend zur Trockne eingeengt. Der Rückstand der Catecholfraktion wurde in Methanol aufgenommen und die Konzentration mittels HPLC-DAD als AOH-Äquivalent bestimmt. Nach erneutem Einengen wurde der Rückstand in DMSO gelöst (Konzentration: 10 mM).

5.3 Metabolismus in Präzisionsgewebeschnitten

5.3.1 Präparation und Inkubation von Rattenleberschnitten

Präparation:

Für die Präparation der Präzisionsgewebeschnitte wurden die Lebern männlicher SD-Ratten verwendet. Die Tiere wurden durch CO_2-Inhalation getötet und anschließend seziert. Die frisch entnommenen Lebern wurden sofort weiter verarbeitet. Aus der Leber eines Tiers wurden pro Versuchstag etwa 50-100 Schnitte gewonnen, welche gleichzeitig inkubiert werden konnten.

Die Schnitte wurden mit Hilfe des Vitron Tissue Slicers hergestellt, welcher mit eisgekühltem KHP geflutet und über ein Schlauchsystem mit Carbogen begast war. Der Puffer zirkulierte zur Kühlung und Sauerstoffversorgung des Gewebes während des Schneidevorgangs in der Apparatur. Mit Hilfe eines geschärften Hohlzylinders (⌀ 8 mm) wurden aus der Leber Gewebekerne gestanzt, welche in KHP zwischengelagert und einzeln in den Schneidearm eingesetzt wurden. Die Präparation der Schnitte erfolgte durch manuelles Bewegen des Schneidearms über ein rotierendes Rasiermesser. Die gewünschte Schnittdicke konnte dabei über eine Mikrometerschraube eingestellt werden und betrug bei allen durchgeführten Versuchen 250 µm. Die Schnitte wurden durch den zirkulierenden Pufferstrom weggespült, in einem Reservoir gesammelt und der Apparatur durch ein Auslassventil entnommen.

Inkubation:

Die Inkubation wurde bei 37°C unter Carbogen-Begasung in einem Rotationsinkubator durchgeführt. Die Vor- und die Substanzinkubation erfolgte in 1,7 ml Waymouth Medium in 20-ml Szintillationsgläsern, wobei der Gasaustausch durch Löcher im Deckel gewährleistet war. In jedes Glas wurde ein Drahtnetz eingesetzt, auf welches 1-2 Schnitte platziert wurden. Im Anschluss an die FKS-freie Vorinkubation (1 h) erfolgte die Inkubation mit den Testsubstanzen für 4 h (ebenfalls FKS-frei) oder für 24 h (mit 10% FKS). Die Substanzkonzentrationen betrugen 50-200 µM bei 0,1% DMSO. Für die Versuche mit COMT-Inhibition betrug der Lösungsmittelgehalt insgesamt 0,6% bei einer Konzentration von 20 µM Ro 41-0960.

Nach Ende der Inkubationszeit wurden die Schnitte mit einer Pinzette vom Drahtnetz gelöst und gewogen. Das Medium wurde mit 0,1% Ascorbinsäure versetzt. Medium und Schnitt wurden separat in Kryogefäßen mit Hilfe von Flüssigstickstoff schockgefroren und bei −80°C gelagert.

5.3.2 Konjugatspaltung und Extraktion

Der Nachweis der von Leberschnitten gebildeten Metaboliten erfolgte ausschließlich im Inkubationsmedium. Zur Hydrolyse der Glucuronide und Sulfate wurden 500 µl Medium mit dem gleichen Volumen Kaliumphosphatpuffer (0,1 M; pH 7,1) vermischt, welcher 250 U/ml β-Glucuronidase, 0,1 U/ml Sulfatase und 0,1% Ascorbinsäure enthielt. Im Anschluss an die zweistündige Inkubation bei 37°C erfolgte die Extraktion mit dreimal je 500 µl Ethylacetat. Zur Bestimmung der unkonjugierten Metaboliten wurden ebenfalls 500 µl Medium mit dem gleichen Volumen Kaliumphosphatpuffer versetzt und ohne Vorbehandlung extrahiert. Nach der Entfernung des Lösungsmittels im Evaporator wurden die Rückstände in 50 µl Methanol aufgenommen und zur Analyse mittels LC-DAD-MS eingesetzt.

5.4 Resorption und Metabolismus von AOH in der Ratte *in vivo*

Der Tierversuch wurde am Institut für Toxikologie der Universität Würzburg durchgeführt. Die Analytik der Proben erfolgte in unserem Labor am KIT.

5.4.1 Tierversuch

Zwei männliche SD-Ratten (331 g bzw. 355 g Körpergewicht) wurden durch Inhalation von Sauerstoff mit zunächst 5% (v/v) Isofluran anästhesiert. Die Dosis wurde nach 20 min zur Aufrechterhaltung der Narkose auf 1,5% reduziert. Der Gallengang wurde anschließend mit einem Polyethylen-Schlauch (Innendurchmesser 0,36 mm) kanüliert. Jedes Tier erhielt eine Einmaldosis von 2,2 mg AOH (gelöst in 50 µl DMSO und 400 µl Maisöl) per Schlundsonde.

Kapitel 5. Material und Methoden

Die Galle wurde in Fraktionen zu je 30 min über einen Zeitraum von 0,5 h vor bis 4,5 h nach Verabreichung gesammelt und bis zur Verwendung bei −80°C gelagert. Die Volumina der gesammelten Fraktionen betrugen je ca. 450 µl.

5.4.2 Konjugatspaltung und Extraktion

Die Hydrolyse der Glucuronide und Sulfate in den Gallenproben erfolgte wie für die Inkubationsmedien der Leberschnitte beschrieben (vgl. 5.3.2). Der nach Extraktion und Entfernung des Lösungsmittels erhaltene Rückstand wurde in 10 µl BSTFA aufgenommen und mittels GC-MS analysiert.

Zur Quantifizierung von AOH wurden 50 µl jeder Fraktion mit je 200 µl Kaliumphosphatpuffer (0,1 M; pH 7,1) verdünnt, welcher 250 U/ml β-Glucuronidase, 0,1 U/ml Sulfatase und 0,1% Ascorbinsäure enthielt. Außerdem wurden 2 µl einer 0,1 mM AME-Lösung als interner Standard zugegeben. Nach Extraktion und Evaporation wurde der Rückstand in 50 µl Methanol aufgenommen. Die Quantifizierung erfolgte mittels HPLC und Fluoreszenz-Detektion anhand einer externen Kalibriergerade (vgl. 5.12.1.3 und A.4).

5.5 GSH-Addukte von 4-HO-AOH

Die Reaktivität von 4-HO-AOH gegenüber Thiolgruppen wurde unter zellfreien Bedingungen durch Inkubation mit GSH untersucht. Ziel war es, die dabei gebildeten GSH-Addukte mittels LC-DAD-MS nachzuweisen und anhand charakteristischer Fragmentierungsreaktionen auf verschiedenen MS^n-Ebenen zu identifizieren.

Durchführung:

4-HO-AOH (200 µM) wurde mit der äquimolaren bzw. zehnfachen Menge GSH in Kaliumphosphatpuffer (0,1 M; pH 7,4) für 5 min bei 37°C inkubiert. Zur Erhöhung der Ausbeute wurde die Reaktion teilweise unter oxidativen Bedingungen durchgeführt. Hierzu wurde entweder Cu^{2+} (als $CuCl_2$; 0,2 mM) oder eine Mischung aus H_2O_2 (0,5 mM) und HRP (0,5 mg/ml) eingesetzt.

Nach Ablauf der Inkubationszeit wurden die Proben zentrifugiert (3 min, 16000g) und der Überstand direkt zur Analyse mittels LC-DAD-MS eingesetzt.

5.6 Allgemeine Methoden in der Zellkultur

Alle verwendeten Zelllinien wurden im Brutschrank bei 37°C und 5% CO_2 in einer mit Wasserdampf gesättigten Atmosphäre kultiviert. Kulturmedium, PBS und Trypsin wurden vor der Verwendung im Wasserbad auf 37°C erwärmt.

5.6.1 Kryokonservierung und Auftauen

Die Kryokonservierung der verwendeten Zelllinien erfolgte zwischen Passage 5 und 10, um stets auf niedrige Passagen zurückgreifen zu können. Hierzu wurden $3 \cdot 10^6$ Zellen in einem Kryogefäß in Einfriermedium (70% Kulturmedium, 20% FKS, 10% DMSO) bei −20°C für 24 h und danach für weitere 24 h bei −80°C gefroren und schließlich in Flüssigstickstoff gelagert.

Unmittelbar nach dem Auftauen im Wasserbad wurde der Inhalt eines Kryoröhrchens in ein steriles, mit 10 ml Kulturmedium befülltes Zentrifugenröhrchen überführt. Nach Zentrifugation (300g, 20°C, 5 min) wurde der Überstand abgesaugt, das Zellpellet in 10 ml Kulturmedium resuspendiert und auf eine Petrischale (⌀ 10 cm) ausgebracht. Nach 24 h erfolgte der Wechsel des Kulturmediums. Die erste Zellpassage wurde vor Erreichen der Konfluenz durchgeführt, was je nach Zelllinie 3-7 Tage dauerte.

5.6.2 Passagieren

V79 Zellen wurden zwei- oder dreimal pro Woche passagiert, Caco-2 Zellen hingegen nur einmal wöchentlich. Morphologie und Zelldichte wurden regelmäßig lichtmikroskopisch überprüft, wobei vollständige Konfluenz vermieden wurde.

Nach Aspiration des Kulturmediums wurde der Zellrasen zweimal mit PBS (V79) bzw. HBSS (Caco-2) gewaschen. Anschließend erfolgte die Zugabe der Trypsinlösung (2,5 ml bei ⌀ 10 cm bzw. 5 ml bei ⌀ 15 cm). Diese wurde nach 30 s abgesaugt und die Petrischale für 3 min (V79) bzw. 5 min (Caco-2) im Brutschrank inkubiert.

Nach dem mechanischen Ablösen vom Plattenboden wurden die Zellen in Kulturmedium suspendiert, die Zellzahl elektronisch bestimmt (vgl. 5.6.4) und die gewünschte Anzahl an Zellen auf eine neue Petrischale ausgestreut.

5.6.3 Mykoplasmentest

Etwa alle drei Monate wurden die verwendeten Zelllinien auf Anwesenheit von Mykoplasmen untersucht. Hierzu wurden 10^5 Zellen für 24 h in einer Petrischale (⌀ 10 cm) auf einem Objektträger kultiviert. Zur Fixierung der Zellen wurde der Objektträger über Nacht in eiskaltem Methanol gelagert. Anschließend erfolgte die Färbung der DNA mit DAPI. Bei Mykoplasmenfreiheit waren während der fluoreszenzmikroskopischen Betrachtung nur die blau gefärbten Zellkerne zu sehen.

5.6.4 Elektronische Zellzahlbestimmung

Die elektronische Zellzahlbestimmung erfolgte mit Hilfe des CASY® Cell Counters. Ein Aliquot der Zellsuspension wurde in einem mit 10 ml CASYton befüllten CASYcup pipettiert, welcher nach gründlichem Mischen in das Gerät eingesetzt wurde.

Geräteeinstellungen:

Pipettiertes Volumen (µl)	20	50	100	200	500	1000
Verdünnungsfaktor	501	201	101	51	21	11
Ansaugvolumen (µl)	200	200	200	200	400	400

Zellgrößenverteilung:

Zur Ermittlung der Zellzahl musste für jede Zelllinie einmalig die Zellgrößenverteilung lebender und toter (mit Ethanol lysierter) Zellen bestimmt werden. Dabei ergaben sich zwei Gaußkurven, deren Schnittpunkte den Größenbereich der toten Zellen begrenzen. Alle Partikel mit einem größeren Durchmesser als der oberen Grenze werden bei der Messung als lebende Zellen erfasst. Für die verwendeten Zelllinien wurden folgende Werte ermittelt: 8,1-12,5 µm (Caco-2), 5,3-8,8 µm (V79) bzw. 5,5-9,5 µm (V79h1A1).

5.7 Proteinbestimmung nach Bradford

Der Proteingehalt von Caco-2 Zelllysaten sowie von Zellfraktionen der Rattenleber wurde anhand der Methode von Bradford (1976) bestimmt. Der Triphenylmethan-Farbstoff Coomassie Brilliant Blau G-250 bildet in saurer Lösung Komplexe mit hydrophoben und kationischen Seitenketten von Proteinen. Durch diese Komplexierung wird die unprotonierte Sulfonatform des Farbstoffs stabilisiert; dies führt zu einer Verschiebung des Absorptionsmaximums von 470 nm nach 595 nm. Die bei dieser Wellenlänge gemessene Extinktion ist direkt proportinal zur Proteinmenge, wobei die Quantifizierung anhand einer externen Kalibriergerade mit Rinderserumalbumin erfolgte.

Bradford-Reagenz:

10 mg Coomassie Brilliant Blau G-250 wurden in 5 ml Ethanol gelöst, mit 10 ml 85%iger ortho-Phosphorsäure (v/v) versetzt und mit Wasser auf 100 ml aufgefüllt. Das Reagenz wurde am Tag vor der Verwendung hergestellt und lichtgeschützt im Kühlschrank aufbewahrt. Es sollte eine bräunliche Farbe besitzen und wurde unmittelbar vor der Verwendung durch ein Faltenfilter filtriert.

Durchführung:

Je 100 µl der Kalibrierlösungen (20-160 µg/ml) bzw. der Proben wurden in Plastik-Küvetten mit 1 ml Bradford-Reagenz vermischt und im Dunkeln für 5 min bei Raumtemperatur stehen gelassen. Anschließend erfolgte die Messung der Extinktion bei 595 nm im Photometer. Zur Bestimmung des Blindwerts wurde bidest. Wasser eingesetzt. Die Konzentration der Rinderserumalbumin-Stammlösung (in bidest. Wasser) betrug 1 mg/ml.

5.8 Konzentrationsbestimmung der Toxine in Medium und Zellen

Die Konzentrationen der Testsubstanzen im Medium und in den Zellen während der Inkubation von Caco-2 und V79 Zellen in 6-Well Platten wurde zu verschiedenen Zeitpunkten bestimmt. In der folgenden Tabelle sind die relevanten Parameter für die Inkubation und die anschließende Aufarbeitung zusammengefasst.

	Caco-2	V79
Zellzahl pro Well	$6 \cdot 10^4$	$8 \cdot 10^4$
Wachstumsphase	21 Tage	24 h
Verwendete Substanzen	AOH, AME	4-HO-AOH, AOH, AME, ALT
Medium	HBSS	DMEM (+ 10% FKS)
Konzentration der Testsubstanz	20 µM	20 µM
Dauer der Inkubation	0,5-6 h	1-24 h
Puffer zur Aufarbeitung	HBSS	PBS

Durchführung:

Im Anschluss an die Inkubation mit 20 µM (0,5% DMSO) der Testsubstanzen wurde das Medium abgenommen und der Zellrasen dreimal mit je 2 ml HBSS bzw. PBS gewaschen. Die Zellen wurden mit Hilfe eines Zellschabers vom Plattenboden abgelöst und im jeweiligen Puffer resuspendiert. Anschließend erfolgte die Zelllyse über Nacht bei −80°C.

Da die Konzentrationsbestimmungen in Medium und Zelllysat auf Grund der metabolischen Fähigkeiten der verwendeten Zelllinien unterschiedliche Vorbehandlungen erforderten, werden die Vorgehensweisen im Folgenden getrennt beschrieben.

Konzentrationsbestimmung in Caco-2 Zellen:

Das Medium wurde direkt mittels LC-DAD-MS analysiert und die Konzentration der Muttersubstanz sowie der Glucuronide und Sulfate mit Hilfe externer Kalibriergeraden für AOH bzw. AME bestimmt (vgl. A.4). Dabei wurden ähnliche Extinktionskoeffizienten vorausgesetzt.

5.8. Konzentrationsbestimmung der Toxine in Medium und Zellen

Das Zelllysat wurde durch Ultraschallbehandlung homogenisiert und der Proteingehalt bestimmt (vgl. 5.7). Anschließend erfolgte die Zugabe von 20 µl einer 5 mM Lösung von 4,4´-Isopropylidenbis(2,6-dimethylphenol) in DMSO als interner Standard. Diese Methode wurde von Pfeiffer et al. (2009b) beschrieben.

Die Bestimmung der unkonjugierten Substanz erfolgte durch Verdünnung von 100 µl des Zelllysats mit dem gleichen Volumen Kaliumphosphatpuffer (0,1 M; pH 7,4) und Extraktion mit dreimal 500 µl Ethylacetat. Zur Erfassung der Konjugate wurden weitere Aliquots des Zelllysats mit 100 µl Kaliumphosphatpuffer (0,1 M; pH 7,1) verdünnt, wobei entweder 250 U β-Glucuronidase oder 0,2 U Sulfatase zugesetzt waren. Nach zweistündiger Inkubation bei 37°C wurde ebenfalls mit Ethylacetat extrahiert.

Die Extrakte wurden nach Evaporation in 100 µl Methanol aufgenommen, mittels LC-DAD-MS analysiert und die Toxinkonzentration im Zelllysat über Einpunktkalibrierungen bestimmt. Der MW aller ermittelten Proteingehalte lag bei $1,6 \pm 0,1$ mg pro Well. Auf Grund der geringen Schwankung wurde auf eine Normierung der ermittelten Stoffmengen verzichtet.

Konzentrationsbestimmung in V79 Zellen:

Ein Aliquot des Mediums sowie das komplette Zelllysat wurde nach dem Auftauen mit dreimal 500 µl Ethylacetat extrahiert, der Rückstand nach Evaporation in 100 µl Methanol aufgenommen und mittels HPLC-DAD (4-HO-AOH) bzw. HPLC mit Fluoreszenzdetektion (AOH, AME und ALT) analysiert (vgl. 5.12.1.3). Eine Behandlung mit β-Glucuronidase und Sulfatase war nicht nötig, da V79 Zellen weder UGT- noch SULT-Aktivität besitzen. Die Quantifizierung erfolgte mit Hilfe von Einpunktkalibrierungen, wobei der intrazelluläre Gehalt jeweils auf 10^5 Zellen normiert wurde.

Kapitel 5. Material und Methoden

5.9 Resorption: Das Caco-2 Millicell System

Das Caco-2 Millicell® System besteht aus einer 24-Well Platte mit einem Aufsatz, der jedes Well in ein apikales (oben) und ein basolaterales (unten) Kompartiment teilt. Die beiden Kompartimente sind nur durch eine semipermeale Polycarbonat-Membran getrennt, auf welcher die Zellen kultiviert werden. Diese sind dabei von allen Seiten von Medium umgeben. Nach Erreichen der Konfluenz beginnen die Zellen spontan zu differenzieren und dabei eine dem humanen Dünndarmepithel ähnliche Morphologie auszubilden.

5.9.1 Ausstreuen, Differenzierung und Inkubation

Die Volumina der beiden Kompartimente betrugen 0,4 ml (apikal) bzw. 0,8 ml (basolateral). Es wurden $6 \cdot 10^4$ Zellen pro Well ausgestreut und 21 Tage lang kultiviert, um eine vollständige Differenzierung des Monolayers zu erreichen. Alle zwei bis drei Tage wurde das Kulturmedium (DMEM/F12 mit 10% FKS) in beiden Kompartimenten gewechselt.

An Tag 21 erfolgte die Substanzinkubation mit 10-40 µM AOH bzw. AME in HBSS (1% DMSO). Zuvor wurde das Kulturmedium abgesaugt und beide Kompartimente zweimal mit HBSS gewaschen. Zu verschiedenen Zeitpunkten (0, 5-3 h) wurde dem Akzeptorkompartiment (basolateral bei der Inkubation von apikal und umgekehrt) ein Volumen von 200 µl entnommen und durch frischen Puffer ersetzt. Am Ende der Inkubation wurde das gesamte Volumen beider Kompartimente entnommen. Zur Bestimmung der P_{app}-Werte wurde mit 20 µM von der apikalen Seite inkubiert und nach 1 h, 2 h, 3 h und 6 h jeweils das komplette basolaterale Volumen entommen.

Die Proben wurden mittels LC-DAD-MS durch direkte Injektion ohne vorherige Probenaufbereitung analysiert (vgl. 5.12.3). Die Quantifizierung erfolgte mit Hilfe externer Kalibriergeraden für AOH bzw. AME (vgl. A.4), wobei für die Konjugate ähnliche Extinktionskoeffizienten angenommen wurden.

5.9.2 Integritätskontrolle

Die Integritätskontrolle stellt ein wichtiges Qualitätskriterium für das Caco-2 Millicell® System dar, da die Monolayer beispielsweise beim Absaugen des Mediums beschädigt werden können, woraus eine Verfälschung der Resorptionsraten resultieren würde. Wie in Kapitel 1.2.1 beschrieben, gibt es zwei Arten der Integritätskontrolle für das Caco-2 Modell: die Messung des TEER sowie die Bestimmung des Transports einer Markersubstanz durch den Monolayer. In dieser Arbeit wurde der Transport des Fluoreszenzfarbstoffs LY als Qualitätskriterium herangezogen.

Hierzu wurden beide Kompartimente nach dem Ende der Substanzinkubation vorsichtig mit HBSS gewaschen. Anschließend erfolgte die einstündige apikale Inkubation mit einer Lösung von 100 µg/ml LY in HBSS bei 37°C im Brutschrank. Je 200 µl HBSS (Doppelbestimmung) aus dem basolateralen Kompartiment wurden anschließend in eine 96-Well Platte überführt und im Plattenlesegerät fluorimetrisch vermessen (Anregungswellenlänge 485 nm, Emissionswellenlänge 535 nm).

Zur Berechnung der Verteilung von LY wurden außerdem eine Blindprobe (HBSS) und die Equilibrium-Konzentration bestimmt. Diese entspricht einer Gleichverteilung der Substanz über beide Kompartimente und errechnet sich wie in der folgenden Formel dargestellt:

$$c_{Equilibrium} = \frac{c(LY)_{apikal} \cdot V_{apikal}}{(V_{apikal} + V_{basolateral})} = \frac{100\,\mu g/ml \cdot 0,4\,ml}{(0,4\,ml + 0,8\,ml)} = 33,3\,\mu g/ml$$

(c: Konzentration im Kompartiment, V: Volumen des Kompartiments)

Die Berechnung des prozentualen Anteils von LY im basolateralen Kompartiment erfolgt anhand folgender Formel:

$$\% \text{LY-Passage} = \frac{RFU_{Probe} - RFU_{Blindprobe}}{RFU_{Equilibrium} - RFU_{Blindprobe}} \cdot 100\%$$

(RFU: Relative Fluorescence Unit)

Als Integritätskriterium wurde in Anlehnung an Literaturwerte eine Transportrate von < 1% LY pro Stunde festgelegt (Gres et al., 1998).

5.9.3 Berechnung des Permeabilitätskoeffizienten

Der scheinbare Permeabilitätskoeffiziente (P_{app}) gibt den Substanzfluss ($\frac{dQ}{dt}$) über den Caco-2 Monolayer an (Artursson und Karlsson, 1991) und wird wie folgt berechnet:

$$P_{app} = \frac{dQ}{dt} \cdot \frac{1}{A \cdot c_0} = \frac{Q}{c_0 \cdot A \cdot t}$$

P_{app}: Scheinbarer Permeabilitätskoeffizient (cm·s^{-1})

dQ/dt: Substanzfluss über den Monolayer (nmol·s^{-1})

Q: Stoffmenge im Akzeptorkompartiment zum Zeitpunkt t (nmol)

c_0: Ausgangskonzentration im Donorkompartiment (µM)

A: Fläche des Caco-2 Monolayers (0,7 cm² im 24-Well Millicell® System)

t: Zeit (s)

5.10 Mutagenität: Der HPRT-Test

Vor der Durchführung jedes HPRT-Genmutationstests wurden V79 Zellen frisch aufgetaut und zweimal passagiert (jeweils nach 48-72 h). Danach hatten die Zellen ihr exponentielles Wachstum wieder erlangt und der HPRT-Test konnte gestartet werden.

Gegenselektion

Die spontane MF der für den HPRT-Test verwendeten V79 Zellen wurde im Vorfeld durch Kultivierung in HAT-Gegenselektionsmedium gesenkt. Die resultierende Population wurde vermehrt und kryokonserviert, sodass für jeden Test auf die gleiche Ausgangspopulation zurückgegriffen werden konnte. Die Endkonzentrationen der HAT-Komponenten im Kulturmedium (DMEM mit 10% FKS) betrugen 2 mM Hypoxanthin, 8 µM Aminopterin und 0,32 mM Thymidin. Die Stammlösungen wurden jeweils frisch in 1 N NaOH (Aminopterin) bzw. bidest. Wasser (Hypoxanthin und Thymidin) angesetzt. Pro Petrischale (∅ 15 cm) wurden 10⁶ Zellen in 20 ml HAT-Medium ausgestreut. Nach 48 h wurden die Zellen abtrypsiniert und erneut 10⁶ Zellen in HAT-Medium für weitere 48 h kultiviert. Im Anschluss daran erfolgte die Kultivierung in HAT-freiem Medium, bis die Zellen ihr exponentielles Wachstum wieder erlangt hatten. Die Kryokonservierung wurde danach wie in Abschnitt 5.6.1 beschrieben durchgeführt.

HPRT-Testprotokoll

Tag 1	Je $1,5 \cdot 10^6$ Zellen wurden in 20 ml DMEM (mit 10% FKS) in Zellkulturflaschen (175 cm² Wachstumsfläche) ausgestreut. Pro Versuch wurden ca. 5-8 Testsubstanzen bzw. Konzentrationen sowie zwei Negativ- (0,5% DMSO) und eine Positivkontrolle (0,5 µM NQO) mitgeführt.
Tag 2	24 h nach dem Ausstreuen erfolgte die Substanzinkubation ohne vorherigen Wechsel des Mediums. Aus einer zusätzlich mitgeführten Flasche wurde die Zellzahl zur Berechnung der Wachstumskurven bestimmt.
Tag 3	Nach 24-stündiger Inkubation erfolgte die Zellpassage, wobei jeweils 10^6 Zellen in Zellkulturflaschen ausgestreut wurden. Zusätzlich wurden je 10^6 Zellen zur Messung der Zellzyklusverteilung abgenommen (vgl. 5.11). Für die Bestimmung der Kolonienbildungsfähigkeit (PE1) wurde eine Suspension von 2000 Zellen in 40 ml nichtselektivem Medium (DMEM mit 5% FKS) angesetzt, aus der drei Petrischalen (⌀ 10 cm) mit je 500 Zellen ausgestreut wurden.
Tag 5	Zellpassage wie an Tag 3
Tag 8	Die Zellen wurden abtrypsiniert und eine Suspension von $3,3 \cdot 10^6$ Zellen in Selektionsmedium (DMEM mit 5% FKS und 7 µg/ml) angesetzt. Daraus wurden dreimal je 30 ml in Petrischalen (⌀ 15 cm) ausgestreut. Zusätzlich wurden drei Petrischalen mit je 500 Zellen zur Bestimmung der Kolonienbildungsfähigkeit (PE2) analog zu Tag 3 ausgestreut.
Tag 10/15	Zur Methylenblau-Färbung der PE1-Platten (Tag 10) bzw. der Selektions- und PE2-Platten (Tag 15) wurde das Medium abgekippt und die Petrischalen zunächst mit 0,9-prozentiger NaCl gewaschen. Anschließend erfolgte die Fixierung mit 70-prozentigem Ethanol für 15 min, bevor die Kolonien für 30 min mit 0,5-prozentiger Methylenblau-Lösung (in Methanol) gefärbt wurden. Die Platten wurden im Anschluss mit bidest. Wasser gewaschen und die Kolonien manuell ausgezählt.

Kapitel 5. Material und Methoden

Wachstumskurve

An allen für den HPRT-Test relevanten Tagen wurde die Zellzahl der abtrypsinierten Zellen elektronisch bestimmt (vgl. 5.6.4). Unter Berücksichtigung eines Passagenfaktors lässt sich für jeden dieser Zeitpunkte die theoretische Gesamtzellzahl berechnen, woraus sich aufgetragen gegen die Zeit eine Wachstumskurve ergibt. Die Steigungen dieser Kurven im Vergleich zur Negativkontrolle zeigen den Einfluss der Toxine auf das Wachstum der Zellen.

An den Tagen 1, 2 und 3 entsprachen die bestimmten Zellzahlen pro Flasche der Gesamtzellzahl. Zur Berechnung der theoretischen Gesamtzellzahlen an Tag 5 und Tag 8 wurden die elektronisch ermittelten Zellzahlen pro Flasche mit dem Passagenfaktor (Zellzahl (Tag 3) $\cdot 10^{-6}$ bzw. Zellzahl (Tag 5) $\cdot 10^{-6}$) multipliziert.

Auswertung

Die PE als Maß für die Kolonienbildungsfähigkeit errechnet sich als Quotient der Anzahl ausgezählter Kolonien und der Anzahl pro Petrischale ausgestreuter Zellen. Die PE1 entspricht dabei der Kolonienbildungsfähigkeit unmittelbar nach Substanzinkubation, die PE2 derjenigen zum Zeitpunkt der Selektion. Die relative PE ergibt sich durch Normierung auf die Negativkontrolle.

$$\text{PE} = \frac{\text{Anzahl gewachsener Kolonien}}{\text{Anzahl ausgestreuter Zellen}} = \frac{\text{Anzahl gewachsener Kolonien}}{500}$$

$$\text{relative PE} = \frac{\text{PE}_{\text{Probe}}}{\text{PE}_{\text{Kontrolle}}} \cdot 100\%$$

Die MF entspricht der Anzahl der 6-TG-resistenten Kolonien, bezogen auf 10^6 koloniebildende Zellen:

$$\text{MF} = \frac{\text{Anzahl Mutanten}}{\text{Zellzahl (Tag 8)} \cdot \text{PE2}} \cdot 10^6$$

5.11 Zellzyklusverteilung

Die Bestimmung der Zellzyklusverteilung der V79 Zellen erfolgte anhand der durchflusszytometrischen Messung des DNA-Gehaltes. In der Präsynthesephase (G_1) und der Ruhephase (G_0) besitzen die Zellen einen diploiden Chromosomensatz. Nach der Replikation (S-Phase), also in der prämitotischen Phase (G_2) und der Mitose, ist der DNA-Gehalt im Vergleich dazu doppelt so hoch. Nach der Interkalation des blauen Fluoreszenzfarbstoffs DAPI in die DNA kann der DNA-Gehalt jeder einzelnen Zelle durchflusszytometrisch bestimmt werden, woraus für jede Population eine Zellzyklusverteilung resultiert.

Durchführung

Die während des HPRT-Tests direkt nach der Substanzinkubation entnommenen Zellen (dreimal je 10^6) wurden in 15 ml-Zentrifugenröhrchen überführt und für 4 min bei Raumtemperatur und 300g zentrifugiert. Das Medium wurde abgesaugt und das Zellpellet im Anschluss mit 2 ml PBS gewaschen. Nach erneuter Zentrifugation und Aspiration des PBS erfolgte die tropfenweise Zugabe von 2 ml eiskaltem Ethanol auf dem Vortex. Die fixierten Zellen wurden anschließend über Nacht bei −20°C gelagert. Unmittelbar vor der durchflusszytometrischen Messung erfolgte die erneute Zentrifugation bei Raumtemperatur (4 min, 2800g). Der Überstand wurde abgesaugt, das Zellpellet mit 900 µl CyStain® 1-Step Lösung versetzt und gründlich resuspendiert. Nach 5-minütiger Inkubation bei Raumtemperatur wurden die Suspensionen in Plastikröhrchen (Sarstedt, Nümbrecht) überführt, gründlich durchmischt und durchflusszytometrisch vermessen.

Geräteparameter

Die Verstärkung (Gain) wurde vor Beginn der Messung so eingestellt, dass die Fluoreszenzintensität der Zellen, die sich in der G_1/G_0-Phase des Zellzyklus befinden, bei ca. 200 Einheiten lag. Die Dauer der Messung sollte mindestens 100 s betragen. Dies wurde durch die Anpassung der Durchflussgeschwindigkeit (Speed) reguliert. Lag die Gesamtzahl der detektierten Partikel (Counts pro ml) auf Grund von Verlusten bei der Aufarbeitung unter $2 \cdot 10^4$, wurde die Messung nicht gewertet.

Auswertung

Die Auswertung der Histogramme erfolgte mit Hilfe der Flowmax® Software (Partec), wobei die Unterteilung in die einzelnen Zellzyklusphasen manuell bei der DMSO-Kontrolle vorgenommen und für alle weiteren Proben einer Messeinheit beibehalten wurde, sofern zwischendurch keine Veränderung der Geräteparameter erfolgt waren. Aus den ermittelten Werten wurden schließlich die prozentualen Anteile der Population in der G_1/G_0, der S- bzw. der G_2/M-Phase berechnet.

5.12 Analytik

5.12.1 Analytische HPLC

Für die Analysen mit den in diesem Abschnitt aufgeführten analytischen HPLC-Anlagen wurde stets der gleiche Säulentyp „Luna" von Phenomenex (Torrance, CA, USA) verwendet (C8-Umkehrphase, Porengröße 5 µm, Länge 250 mm, Innendurchmesser 4,6 mm). Die Vorsäulen stammten ebenfalls von Phenomenex (C8-Umkehrphase, 4 x 3 mm) und wurden regelmäßig gewechselt.

5.12.1.1 HPLC-DAD

Für die Detektion der oxidativen Metaboliten und der entsprechenden MP aus den Umsetzungen mit Zellfraktionen und Supersomen sowie zur Fraktionierung der oxidativen Metaboliten.

Gerätedetails

Hersteller	Beckman Coulter
Gerätebezeichnung	Beckman HPLC-DAD168
Injektionsart	manuell (Rheodyne 7725*i* Injektionsventil)
Injektionsvolumen	bis 100 µl
Detektor	DAD
Software	Karat 7.0

5.12. Analytik

Gradientenprogramm

Zeit (min)	0	2	12	22	27	32	35
Eluent B (%)	17	17	45	50	100	100	17

Weitere Parameter

Eluent A	bidest. Wasser, mit Ameisensäure auf pH 3 eingestellt
Eluent B	ACN
Flussrate	1 ml/min
Detektionswellenlänge	254 nm

5.12.1.2 HPLC-UV

Zur Analytik der Sulfate von AOH und AME.

Gerätedetails

Hersteller	Beckman Coulter
Gerätebezeichnung	Beckman HPLC-UV166
Injektionsart	manuell (Rheodyne 7725i Injektionsventil)
Injektionsvolumen	bis 100 µl
Detektor	UV
Software	Karat 7.0

Gradientenprogramme

AOH-O-Sulfate:

Zeit (min)	0	2	22	29	33	35
Eluent B (%)	5	5	50	100	100	5

AME-O-Sulfate:

Zeit (min)	0	1	26	31	33	36
Eluent B (%)	30	30	100	100	30	30

Kapitel 5. Material und Methoden

Weitere Parameter

Eluent A	bidest. Wasser mit 5 mM TBAP
Eluent B	ACN mit 0,1% Ameisensäure
Flussrate	AOH-O-Sulfate: 1 ml/min
	AME-O-Sulfate: 0,5 ml/min
Detektionswellenlänge	254 nm

5.12.1.3 HPLC-DAD mit Fluoreszenz-Detektor

Zur Quantifizierung von AOH in der Rattengalle sowie von AOH, AME, ALT und 4-HO-AOH im Medium und im Zelllysat von V79 Zellen.

Gerätedetails

Hersteller	Shimadzu
Gerätebezeichnung	Prominence
Pumpen	LC-20AT
Injektionsart	Autosampler (SIL-20AC)
Injektionsvolumen	bis 500 µl
Detektor	DAD (SPD-M20A)
	Fluoreszenz-Detektor (RF-A_{XL})
Software	LC Solution 1.22

Gradientenprogramm

Zeit (min)	0	15	23	26	28	30	34
Eluent B (%)	30	60	70	100	100	30	30

Weitere Parameter

Eluent A	bidest. Wasser mit 0,1% Ameisensäure
Eluent B	ACN
Flussrate	0,5 ml/min
Detektionswellenlänge	254 nm
Fluoreszenzwellenlängen	Anregung: 325 nm, Emission: 475 nm (ALT)
	Anregung: 330 nm, Emission: 430 nm (AOH, AME)

5.12.2 Präparative HPLC

Zur Isolierung von 4-HO-AOH aus der Oxidation von AOH mit IBX. Es wurde der Säulentyp „Luna" (C18-Umkehrphase, Porengröße 5 µm, Länge 250 mm, Innendurchmesser 10 mm) von Phenomenex (Torrance, CA, USA) verwendet.

Gerätedetails

Hersteller	Shimadzu
Gerätebezeichnung	Prominence
Pumpen	LC-8A
Injektionsart	manuell (Rheodyne 7725i Injektionsventil)
Injektionsvolumen	bis 2 ml
Detektor	UV-Detektor (SPD-20A)
Software	LC Solution 1.22

Gradientenprogramm

Zeit (min)	0	5	17	24	29	32
Eluent B (%)	30	50	50	100	100	30

Weitere Parameter

Eluent A	bidest. Wasser
Eluent B	ACN:Methanol (50:50)
Flussrate	8 ml/min
Detektionswellenlänge	254 nm

5.12.3 LC-DAD-MS

HPLC-DAD gekoppelt an ein Massenspektrometer zur Analyse der in Leberschnitten und in Caco-2 Zellen gebildeten Metaboliten sowie der GSH-Addukte von 4-HO-AOH.

Gerätedetails LC-DAD-MS

Hersteller	Thermo Scientific
Gerätebezeichnung	Finnigan Surveyor
Injektionsart	Autosampler
Injektionsvolumen	bis 25 µl
Detektor	DAD
	MS (LXQ Linear Ion Trap MS^n)
Software	Xcalibur 2.0.7

Gradientenprogramme

Caco-2:

Zeit (min)	0	25	28	29	32
Eluent B (%)	30	100	100	30	30

Leberschnitte:

Zeit (min)	0	2	7	12	24	29	32	33	35
Eluent B (%)	40	40	50	57	70	100	100	40	40

GSH-Addukte:

Zeit (min)	0	6	10	20	25	27	29	33
Eluent B (%)	20	25	30	60	100	100	20	20

5.12. Analytik

Weitere Parameter

Eluent A	bidest. Wasser mit 0,1% Ameisensäure
	(+ 5 mM $(NH_4)CH_3COO$ bei Caco-2 Zellen)
Eluent B	ACN mit 0,1% Ameisensäure
Flussrate	0,5 ml/min
Detektionswellenlänge	254 nm
Ionisierung	ESI, negativ-Modus
Fragmentierung	Collision Induced Dissociation (CID)
CID-Spannung	als % von 5 V eingestellt

Für MS^n Analysen relevante Parameter

In der folgenden Tabelle sind die m/z und CID-Werte der in dieser Arbeit durchgeführten MS^n Analysen zusammengefasst:

	Modus	Metaboliten	m/z	CID (V)
Leberschnitte	Full Scan	alle	100-800	0
	MS^2	HO-AOH	273	1,75
	MS^3	HO-AME	287>272	1,75
		MP von HO-AOH	287>272	1,75
		MP von HO-AME	301>286	1,75
Caco-2 Zellen	Full Scan	Glucuronide und Sulfate	100-600	0
GSH-Addukte	Full Scan	alle	100-1000	0
	MS^2	Mono-GSH-Addukt, reduziert	578	1,75
		Mono-GSH-Addukt, oxidiert	576	1,75
		Di-GSH-Addukt, reduziert	883	1,75
	MS^3	Mono-GSH-Addukt, reduziert	578>305	1,75
		Mono-GSH-Addukt, oxidiert	576>303	1,75
		Di-GSH-Addukt, reduziert	883>576	1,75

Die in den Tune-Files gespeicherten MS-Parameter sind in Anhang A.5 zu finden.

Kapitel 5. Material und Methoden

5.12.4 GC-MS

Zur Detektion der oxidativen Metaboliten von AOH und der entsprechenden MP in der Rattengalle. Es wurde eine 5% Phenylmethyl MDN-5S fused silica Kapillarsäule (Länge 30 m, Innendurchmesser 25 mm, Filmdicke 0,25 µm) verwendet (Supelco, Bellefonte, CA, USA).

Gerätedetails GC-MS

Hersteller	Thermo Finnigan (Austin, TX, USA)
Gerätebezeichnung	Finnigan GC-MS GCQ Linear Ion Trap MS^n

Temperaturprogramm

Starttemperatur	60°C, 1 min
Aufheizrate	15°C pro min
Endtemperatur	290°C, 15 min

Weitere Parameter GC-MS

Trägergas	Helium
Flussrate	40 cm/s
Injektionsart	on-column
Injektortemperatur	50°C
Injektionsvolumen	1-2 µl
Ionisation	EI
Fragmentierung	CID
CID-Spannung	1,7 V (für 0,15 s)

Scan Events und Fragmentierungsbedingungen

Die MS^n-Analysen wurden im Dual-MS^2-Modus durchgeführt. Dies entspricht der simultanen MS^2-Analyse von m/z 547 ([M-15] der trimethylsilylierten AOH-Catechole) und m/z 489 ([M-15] der trimethylsilylierten MP).

Literaturverzeichnis

Altemoller, M., Gehring, T., Cudaj, J., Podlech, J., Goesmann, H., Feldmann, C. und Rothenberger, A., 2009. Total synthesis of graphislactones A, C, D, and H, of ulocladol, and of the originally proposed and revised structures of graphislactones E and F. European Journal of Organic Chemistry, 2009, 2130–2140.

Altemoller, M., Podlech, J. und Fenske, D., 2006. Total synthesis of altenuene and isoaltenuene. European Journal of Organic Chemistry, 2006, 1678–1684.

Andrae, U., 1996. Genotoxizitaetstests in vitro. In Greim, H. (Hg.), Toxikologie : Eine Einfuehrung fuer Naturwissenschaftler und Mediziner. VCH, Weinheim.

Artursson, P., 1990. Epithelial transport of drugs in cell culture. I: A model for studying the passive diffusion of drugs over intestinal absorptive (Caco-2) cells. Journal of Pharmaceutical Sciences, 79, 476–482.

Artursson, P. und Karlsson, J., 1991. Correlation between oral drug absorption in humans and apparent drug permeability coefficients in human intestinal epithelial (Caco-2) cells. Biochemical and Biophysical Research Communications, 175, 880–885.

Asam, S., Konitzer, K. und Rychlik, M., 2011. Precise determination of the Alternaria mycotoxins alternariol and alternariol monomethyl ether in cereal, fruit and vegetable products using stable isotope dilution assays. Mycotoxin Research, 27, 23–28.

Asam, S., Konitzer, K., Schieberle, P. und Rychlik, M., 2009. Stable isotope dilution assays of alternariol and alternariol monomethyl ether in beverages. Journal of Agricultural and Food Chemistry, 57, 5152–5160.

Baker, S. S. und Baker, Robert D., J., 1992. Antioxidant enzymes in the differentiated Caco-2 cell line. In vitro Cellular and Developmental Biology, 28A, 643–647.

Berger, V., Gabriel, A. F., Sergent, T., Trouet, A., Larondelle, Y. und Schneider, Y. J., 2003. Interaction of ochratoxin A with human intestinal Caco-2 cells: Possible implication of a multidrug resistance-associated protein (MRP2). Toxicology Letters, 140, 465–476.

Berthiller, F., Schuhmacher, R., Adam, G. und Krska, R., 2009. Formation, determination and significance of masked and other conjugated mycotoxins. Analytical and Bioanalytical Chemistry, 395, 1243–1252.

Berthou, F., Ratanasavanh, D., Riche, C., Picart, D., Voirin, T. und Guillouzo, A., 1989. Comparison of caffeine metabolism by slices, microsomes and hepatocyte cultures from adult human liver. Xenobiotica, 19, 401–417.

Bieche, I., Narjoz, C., Asselah, T., Vacher, S., Marcellin, P., Lidereau, R., Beaune, P. und de Waziers, I., 2007. Reverse transcriptase-PCR quantification of mRNA levels from cytochrome (CYP)1, CYP2 and CYP3 families in 22 different human tissues. Pharmacogenet Genomics, 17, 731–742.

Bolton, J. L., Trush, M. A., Penning, T. M., Dryhurst, G. und Monks, T. J., 2000. Role of quinones in toxicology. Chemical Research in Toxicology, 13, 135–160.

Bradford, M. M., 1976. A rapid and sensitive method for the quantitation of microgram quantities of protein utilizing the principle of protein-dye binding. Analytical Biochemistry, 72, 248–254.

Brandon, E. F., Raap, C. D., Meijerman, I., Beijnen, J. H. und Schellens, J. H., 2003. An update on in vitro test methods in human hepatic drug biotransformation research: Pros and cons. Toxicology and Applied Pharmacology, 189, 233–246.

van Breemen, R. B. und Li, Y., 2005. Caco-2 cell permeability assays to measure drug absorption. Expert Opinion on Drug Metabolism and Toxicology, 1, 175–185.

Brendel, K., McKee, R. L., Hruby, V. J., Johnson, D. G., Gandolfi, A. J. und Krumdieck, C. L., 1987. Precision cut tissue slices in culture: A new tool in pharmacology. Proceedings of the Western Pharmacology Society, 30, 291–293.

Brugger, E. M., Wagner, J., Schumacher, D. M., Koch, K., Podlech, J., Metzler, M. und Lehmann, L., 2006. Mutagenicity of the mycotoxin alternariol in cultured mammalian cells. Toxicology Letters, 164, 221–230.

Burkhardt, B., Pfeiffer, E. und Metzler, M., 2009. Absorption and metabolism of the mycotoxins alternariol and alternariol-9-methyl ether in Caco-2 cells in vitro. Mycotoxin Research, 25, 149–157.

Burkhardt, B., Wittenauer, J., Pfeiffer, E., Schauer, U. M. und Metzler, M., 2011. Oxidative metabolism of the mycotoxins alternariol and alternariol-9-methyl ether in precision-cut rat liver slices in vitro. Molecular Nutrition and Food Research, 55, 1079–1086.

Butterworth, M., Lau, S. S. und Monks, T. J., 1996. 17 beta-estradiol metabolism by hamster hepatic microsomes: Comparison of catechol estrogen O-methylation with catechol estrogen oxidation and glutathione conjugation. Chemical Research in Toxicology, 9, 793–799.

Capranico, G., Giaccone, G. und D'Incalci, M., 1999. DNA topoisomerase II poisons and inhibitors. Cancer Chemotherapy and Biological Response Modifiers, 18, 125–143.

Caro, A. A. und Cederbaum, A. I., 2001. Synergistic toxicity of iron and arachidonic acid in HepG2 cells overexpressing CYP2E1. Molecular Pharmacology, 60, 742–752.

Chen, L., Buters, J. T., Hardwick, J. P., Tamura, S., Penman, B. W., Gonzalez, F. J. und Crespi, C. L., 1997. Coexpression of cytochrome P4502A6 and human NADPH-P450 oxidoreductase in the baculovirus system. Drug Metabolism and Disposition, 25, 399–405.

Cole, J. und Arlett, C., 1984. Mutagenicity testing : A practical approach. Practical approach series. IRL Press, Oxford.

Cortes, F., Pastor, N., Mateos, S. und Dominguez, I., 2007. Topoisomerase inhibitors as therapeutic weapons. Expert Opinion on Therapeutic Patents, 17, 521–532.

Davis, V. M. und Stack, M. E., 1994. Evaluation of alternariol and alternariol methyl ether for mutagenic activity in Salmonella typhimurium. Applied and Environmental Microbiology, 60, 3901–3902.

Delgado, T. und Gomez-Cordoves, C., 1998. Natural occurrence of alternariol and alternariol methyl ether in Spanish apple juice concentrates. Journal of Chromatography A, 815, 93–97.

Doehmer, J., 1993. V79 Chinese hamster cells genetically engineered for cytochrome P450 and their use in mutagenicity and metabolism studies. Toxicology, 82, 105–118.

Dong, W., Lin, D., Zheng, Z., G., L. und Ma, R., 1993. Point mutation on c-Ha-ras gene of human fetal esophageal epithelium induced by mycotoxins of Alternaria alternata. Journal of Henan Medical University, 9, 604–607.

Ekins, S., 1996. Past, present, and future applications of precision-cut liver slices for in vitro xenobiotic metabolism. Drug Metabolism Reviews, 28, 591–623.

Fehr, M., Baechler, S., Kropat, C., Mielke, C., Boege, F., Pahlke, G. und Marko, D., 2010. Repair of DNA damage induced by the mycotoxin alternariol involves tyrosyl-DNA phosphodiesterase 1. Mycotoxin Research, 26, 247–256.

Fehr, M., Pahlke, G., Fritz, J., Christensen, M. O., Boege, F., Altemoller, M., Podlech, J. und Marko, D., 2009. Alternariol acts as a topoisomerase poison, preferentially affecting the IIalpha isoform. Molecular Nutrition and Food Research, 53, 441–451.

Fisher, J. M., Wrighton, S. A., Watkins, P. B., Schmiedlin-Ren, P., Calamia, J. C., Shen, D. D., Kunze, K. L. und Thummel, K. E., 1999. First-pass midazolam metabolism catalyzed by 1alpha,25-dihydroxy vitamin D3-modified Caco-2 cell monolayers. Journal of Pharmacology and Experimental Therapeutics, 289, 1134–1142.

Fisher, R. L., Hasal, S. J., Sanuik, J. T., Gandolfi, A. J. und Brendel, K., 1995a. Determination of optimal incubation media and suitable slice diameters in precision-cut liver slices: Optimization of tissue slice culture, Part 2. Toxicology Methods, 5, 115–130.

Fisher, R. L., Shaughnessy, R. P., Jenkins, P. M., Austin, M. L., Rozh, G. L., Gandolfi, A. J. und Brendel, K., 1995b. Dynamic organ culture is superior to multiwell plate culture for maintaining precision-cut tissue slices: Optimization of tissue slice culture, Part 1. Toxicology Methods, 5, 99–113.

Gerstner, S., Glasemann, D., Pfeiffer, E. und Metzler, M., 2008. The influence of metabolism on the genotoxicity of catechol estrogens in three cultured cell lines. Molecular Nutrition and Food Research, 52, 823–829.

de Graaf, I. A., Groothuis, G. M. und Olinga, P., 2007. Precision-cut tissue slices as a tool to predict metabolism of novel drugs. Expert Opinion on Drug Metabolism and Toxicology, 3, 879–898.

de Graaf, I. A. und Koster, H. J., 2003. Cryopreservation of precision-cut tissue slices for application in drug metabolism research. Toxicology in vitro, 17, 1–17.

de Graaf, I. A. M., de Kanter, R., de Jager, M. H., Camacho, R., Langenkamp, E., van de Kerkhof, E. G. und Groothuis, G. M. M., 2006. Empirical validation of a rat in vitro organ slice model as a tool for in vivo clearance prediction. Drug Metabolism and Disposition, 34, 591–599.

Gres, M. C., Julian, B., Bourrie, M., Meunier, V., Roques, C., Berger, M., Boulenc, X., Berger, Y. und Fabre, G., 1998. Correlation between oral drug absorption in humans, and apparent drug permeability in TC-7 cells, a human epithelial intestinal cell line: Comparison with the parental Caco-2 cell line. Pharmaceutical Research, 15, 726–733.

Griffin, G. F. und Chu, F. S., 1983. Toxicity of the Alternaria metabolites alternariol, alternariol methyl ether, altenuene, and tenuazonic acid in the chicken embryo assay. Applied and Environmental Microbiology, 46, 1420–1422.

Hauri, H. P., Sterchi, E. E., Bienz, D., Fransen, J. A. M. und Marxer, A., 1985. Expression and intracellular-transport of microvillus membrane hydrolases in human intestinal epithelial-cells. Journal of Cell Biology, 101, 838–851.

Hengstler, J. G., Utesch, D., Steinberg, P., Platt, K. L., Diener, B., Ringel, M., Swales, N., Fischer, T., Biefang, K., Gerl, M., Bottger, T. und Oesch, F., 2000. Cryopreserved primary hepatocytes as a constantly available in vitro model for the evaluation of human and animal drug metabolism and enzyme induction. Drug Metabolism Reviews, 32, 81–118.

Hidalgo, I. J., 2001. Assessing the absorption of new pharmaceuticals. Current Topics in Medicinal Chemistry, 1, 385–401.

Hidalgo, I. J., Raub, T. J. und Borchardt, R. T., 1989. Characterization of the human colon carcinoma cell line (Caco-2) as a model system for intestinal epithelial permeability. Gastroenterology, 96, 736–749.

Hillgren, K. M., Kato, A. und Borchardt, R. T., 1995. In vitro systems for studying intestinal drug absorption. Medicinal Research Reviews, 15, 83–109.

Iverson, S. L., Shen, L., Anlar, N. und Bolton, J. L., 1996. Bioactivation of estrone and its catechol metabolites to quinoid-glutathione conjugates in rat liver microsomes. Chemical Research in Toxicology, 9, 492–499.

Kamisuki, S., Murakami, C., Ohta, K., Yoshida, H., Sugawara, F., Sakaguchi, K. und Mizushina, Y., 2002. Actions of derivatives of dehydroaltenusin, a new mammalian DNA polymerase alpha-specific inhibitor. Biochemical Pharmacology, 63, 421–427.

de Kanter, R., de Jager, M. H., Draaisma, A. L., Jurva, J. U., Olinga, P., Meijer, D. K. und Groothuis, G. M., 2002. Drug-metabolizing activity of human and rat liver, lung, kidney and intestine slices. Xenobiotica, 32, 349–362.

Kaufmann, W. K. und Paules, R. S., 1996. DNA damage and cell cycle checkpoints. FASEB Journal, 10, 238–247.

Koch, K., Podlech, J., Pfeiffer, E. und Metzler, M., 2005. Total synthesis of alternariol. Journal of Organic Chemistry, 70, 3275–3276.

Kralova, J., Hajslova, J., Poustka, J., Hochman, M., Bjelkova, M. und Odstrcilova, L., 2006. Occurrence of Alternaria toxins in fibre flax, linseed, and peas grown in organic and conventional farms: Monitoring pilot study. Czech Journal of Food Sciences, 24, 288–296.

Krumdieck, C. L., dos Santos, J. E. und Ho, K. J., 1980. A new instrument for the rapid preparation of tissue slices. Analytical Biochemistry, 104, 118–123.

Larsen, A. K., Skladanowski, A. und Bojanowski, K., 1996. The roles of DNA topoisomerase II during the cell cycle. Progress in Cell Cycle Research, 2, 229–239.

Legen, I., Salobir, M. und Kerc, J., 2005. Comparison of different intestinal epithelia as models for absorption enhancement studies. International Journal of Pharmaceutics, 291, 183–188.

Lehmann, L., Jiang, L. und Wagner, J., 2008. Soy isoflavones decrease the catechol-O-methyltransferase-mediated inactivation of 4-hydroxyestradiol in cultured MCF-7 cells. Carcinogenesis, 29, 363–370.

Lehmann, L., Wagner, J. und Metzler, M., 2006. Estrogenic and clastogenic potential of the mycotoxin alternariol in cultured mammalian cells. Food and Chemical Toxicology, 44, 398–408.

Lennernas, H., Palm, K., Fagerholm, U. und Artursson, P., 1996. Comparison between active and passive drug transport in human intestinal epithelial (Caco-2) cells in vitro and human jejunum in vivo. International Journal of Pharmaceutics, 127, 103–107.

Lewis, D. F., Ioannides, C. und Parke, D. V., 1994. Molecular modelling of cytochrome CYP1A1: A putative access channel explains differences in induction potency between the isomers benzo(a)pyrene and benzo(e)pyrene, and 2- and 4-acetylaminofluorene. Toxicology Letters, 71, 235–243.

Li, F. und Yoshizawa, T., 2000. Alternaria mycotoxins in weathered wheat from China. Journal of Agricultural and Food Chemistry, 48(7), 2920–2924.

Liu, G. T., Qian, Y. Z., Zhang, P., Dong, W. H., Qi, Y. M. und Guo, H. T., 1992. Etiological role of Alternaria alternata in human esophageal cancer. Chinese Medical Journal (Engl), 105, 394–400.

Liu, G. T., Qian, Y. Z., Zhang, P., Dong, Z. M., Shi, Z. Y., Zhen, Y. Z., Miao, J. und Xu, Y. M., 1991. Relationships between Alternaria alternata and oesophageal cancer. IARC Science Publications, 105, 258–262.

Magdziak, D., Rodriguez, A. A., Van De Water, R. W. und Pettus, T. R., 2002. Regioselective oxidation of phenols to o-quinones with o-iodoxybenzoic acid (IBX). Organic Letters, 4, 285–288.

Matsumoto, H., Erickson, R. H., Gum, J. R., Yoshioka, M., Gum, E. und Kim, Y. S., 1990. Biosynthesis of alkaline phosphatase during differentiation of the human colon cancer cell line Caco-2. Gastroenterology, 98, 1199–1207.

Mirvish, S. S., Ji, C., Makary, M., Schut, H. A. und Krokos, C., 1987. Metabolism of the oesophageal carcinogen N-nitrosomethylamylamine: Changes with age, clearance from blood and DNA alkylation. IARC Science Publications, 84, 144–147.

Mizushina, Y., Kamisuki, S., Mizuno, T., Takemura, M., Asahara, H., Linn, S., Yamaguchi, T., Matsukage, A., Hanaoka, F., Yoshida, S., Saneyoshi, M., Sugawara, F. und Sakaguchi, K., 2000. Dehydroaltenusin, a mammalian DNA polymerase alpha inhibitor. Journal of Biological Chemistry, 275, 33 957–33 961.

Molina, P., Zon, M. und Fernandez, H., 1998. Determination of the acid dissociation constans of some mycotoxins of the Alternaria alternata genus. Canadian Journal of Chemistry, 76, 576–582.

Monks, T. J., Hanzlik, R. P., Cohen, G. M., Ross, D. und Graham, D. G., 1992. Quinone chemistry and toxicity. Toxicology and Applied Pharmacology, 112, 2–16.

Murakami-Nakai, C., Maeda, N., Yonezawa, Y., Kuriyama, I., Kamisuki, S., Takahashi, S., Sugawara, F., Yoshida, H., Sakaguchi, K. und Mizushina, Y., 2004. The effects of dehydroaltenusin, a novel mammalian DNA polymerase alpha inhibitor, on cell proliferation and cell cycle progression. Biochimica et Biophysica Acta, 1674, 193–199.

Murota, K., Shimizu, S., Chujo, H., Moon, J. H. und Terao, J., 2000. Efficiency of absorption and metabolic conversion of quercetin and its glucosides in human intestinal cell line Caco-2. Archives of Biochemistry and Biophysics, 384, 391–397.

Murota, K., Shimizu, S., Miyamoto, S., Izumi, T., Obata, A., Kikuchi, M. und Terao, J., 2002. Unique uptake and transport of isoflavone aglycones by human intestinal caco-2 cells: Comparison of isoflavonoids and flavonoids. Journal of Nutrition for the Elderly, 132, 1956–1961.

Murty, V. S. und Penning, T. M., 1992a. Characterization of mercapturic acid and glutathionyl conjugates of benzo[a]pyrene-7,8-dione by two-dimensional NMR. Bioconjugate Chemistry, 3, 218–224.

Murty, V. S. und Penning, T. M., 1992b. Polycyclic aromatic hydrocarbon (PAH) ortho-quinone conjugate chemistry: Kinetics of thiol addition to PAH ortho-quinones and structures of thioether adducts of naphthalene-1,2-dione. Chemico-Biological Interactions, 84, 169–188.

Nave, R., Fisher, R. und Zech, K., 2006. In vitro metabolism of ciclesonide in human lung and liver precision-cut tissue slices. Biopharmaceutics and Drug Disposition, 27, 197–207.

Olinga, P., Groen, K., Hof, I. H., De Kanter, R., Koster, H. J., Leeman, W. R., Rutten, A. A., Van Twillert, K. und Groothuis, G. M., 1997. Comparison of five incubation systems for rat liver slices using functional and viability parameters. Journal of Pharmacological and Toxicological Methods, 38, 59–69.

Ostry, V., 2008. Alternaria mycotoxins: An overview of chemical characterization, producers, toxicity, analysis and occurrence in foodstuffs. World Mycotoxin Journal, 1, 175–188.

Parrish, A. R., Gandolfi, A. J. und Brendel, K., 1995. Precision-cut tissue slices: Applications in pharmacology and toxicology. Life Sciences, 57, 1887–1901.

Pero, R. W., Posner, H., Blois, M., Harvan, D. und Spalding, J. W., 1973. Toxicity of metabolites produced by the Alternaria. Environmental Health Perspectives, 4, 87–94.

Pfeiffer, E., Eschbach, S. und Metzler, M., 2007a. Alternaria toxins: DNA strand-breaking activity in mammalian cells in vitro. Mycotoxin Research, 23, 152–157.

Pfeiffer, E., Herrmann, C., Altemoller, M., Podlech, J. und Metzler, M., 2009a. Oxidative in vitro metabolism of the Alternaria toxins altenuene and isoaltenuene. Molecular Nutrition and Food Research, 53, 452–459.

Pfeiffer, E., Kommer, A., Dempe, J. S., Hildebrand, A. A. und Metzler, M., 2011. Absorption and metabolism of the mycotoxin zearalenone and the growth promotor zeranol in Caco-2 cells in vitro. Molecular Nutrition and Food Research, 55, 560–567.

Pfeiffer, E., Schebb, N. H., Podlech, J. und Metzler, M., 2007b. Novel oxidative in vitro metabolites of the mycotoxins alternariol and alternariol methyl ether. Molecular Nutrition and Food Research, 51, 307–316.

Pfeiffer, E., Schmit, C., Burkhardt, B., Altemoller, M., Podlech, J. und Metzler, M., 2009b. Glucuronidation of the mycotoxins alternariol and alternariol-9-methyl ether in vitro: Chemical structures of glucuronides and activities of human UDP-glucuronosyltransferase isoforms. Mycotoxin Research, 25, 3–10.

Pinto, M., Robineleon, S., Appay, M. D., Kedinger, M., Triadou, N., Dussaulx, E., Lacroix, B., Simonassmann, P., Haffen, K., Fogh, J. und Zweibaum, A., 1983. Enterocyte-like differentiation and polarization of the human-colon carcinoma cell-line Caco-2 in culture. Biology of the Cell, 47, 323–330.

Pollock, G. A., DiSabatino, C. E., Heimsch, R. C. und Coulombe, R. A., 1982a. The distribution, elimination, and metabolism of 14C-alternariol monomethyl ether. Journal of Environmental Science and Health, Part B, 17, 109–124.

Pollock, G. A., DiSabatino, C. E., Heimsch, R. C. und Hilbelink, D. R., 1982b. The subchronic toxicity and teratogenicity of alternariol monomethyl ether produced by Alternaria solani. Food and Chemical Toxicology, 20, 899–902.

Press, B. und Di Grandi, D., 2008. Permeability for intestinal absorption: Caco-2 assay and related issues. Current Drug Metabolism, 9, 893–900.

Renwick, A. B., Watts, P. S., Edwards, R. J., Barton, P. T., Guyonnet, I., Price, R. J., Tredger, J. M., Pelkonen, O., Boobis, A. R. und Lake, B. G., 2000. Differential maintenance of cytochrome P450 enzymes in cultured precision-cut human liver slices. Drug Metabolism and Disposition, 28, 1202–1209.

Rodriguez-Antona, C., Donato, M. T., Boobis, A., Edwards, R. J., Watts, P. S., Castell, J. V. und Gomez-Lechon, M. J., 2002. Cytochrome P450 expression in human hepatocytes and hepatoma cell lines: Molecular mechanisms that determine lower expression in cultured cells. Xenobiotica, 32, 505–520.

Rudzok, S., Krejci, S., Graebsch, C., Herbarth, O., Mueller, A. und Bauer, M., 2011. Toxicity profiles of four metals and 17 xenobiotics in the human hepatoma cell line HepG2 and the protozoa Tetrahymena pyriformis - A comparison. Environmental Toxicology and Chemistry, 26, 171–186.

Ruiz-Garcia, A., Bermejo, M., Moss, A. und Casabo, V. G., 2008. Pharmacokinetics in drug discovery. Journal of Pharmaceutical Sciences, 97, 654–690.

Saeed, M., Zahid, M., Rogan, E. und Cavalieri, E., 2005. Synthesis of the catechols of natural and synthetic estrogens by using 2-iodoxybenzoic acid (IBX) as the oxidizing agent. Steroids, 70, 173–178.

Salama, S. A., Kamel, M., Awad, M., Nasser, A. H., Al-Hendy, A., Botting, S. und Arrastia, C., 2008. Catecholestrogens induce oxidative stress and malignant transformation in human endometrial glandular cells: Protective effect of catechol-O-methyltransferase. International Journal of Cancer, 123, 1246–1254.

Satoh, T., Matsui, M. und Tamura, H., 2000. Sulfotransferases in a human colon carcinoma cell line, Caco-2. Biological and Pharmaceutical Bulletin, 23, 810–814.

Sauer, D. B., Seitz, L. M., Burroughs, R., Mohr, H. E., West, J. L., Milleret, R. J. und Anthony, H. D., 1978. Toxicity of Alternaria metabolites found in weathered sorghum grain at harvest. Journal of Agricultural and Food Chemistry, 26, 1380–1393.

Schmalix, W. A., Maser, H., Kiefer, F., Reen, R., Wiebel, F. J., Gonzalez, F., Seidel, A., Glatt, H., Greim, H. und Doehmer, J., 1993. Stable expression of human cytochrome P450 1A1 cDNA in V79 Chinese hamster cells and metabolic activation of benzo[a]pyrene. European Journal of Pharmacology, 248, 251–261.

Schmiedlin-Ren, P., Thummel, K. E., Fisher, J. M., Paine, M. F., Lown, K. S. und Watkins, P. B., 1997. Expression of enzymatically active CYP3A4 by Caco-2 cells grown on extracellular matrix-coated permeable supports in the presence of 1alpha,25-dihydroxyvitamin D3. Molecular Pharmacology, 51, 741–754.

Schweigert, N., Zehnder, A. J. und Eggen, R. I., 2001. Chemical properties of catechols and their molecular modes of toxic action in cells, from microorganisms to mammals. Environmental Microbiology, 3(2), 81–91.

Scott, P. M., 2001. Analysis of agricultural commodities and foods for Alternaria mycotoxins. Journal of AOAC International, 84, 1809–1817.

Scott, P. M. und Stoltz, D. R., 1980. Mutagens produced by Alternaria alternata. Mutation Research, 78, 33–40.

Shackelford, R. E., Kaufmann, W. K. und Paules, R. S., 1999. Cell cycle control, checkpoint mechanisms, and genotoxic stress. Environmental Health Perspectives, 107, 5–24.

Shah, P., Jogani, V., Bagchi, T. und Misra, A., 2006. Role of Caco-2 cell monolayers in prediction of intestinal drug absorption. Biotechnology Progress, 22, 186–198.

Sharom, F. J., 2008. ABC multidrug transporters: Structure, function and role in chemoresistance. Pharmacogenomics, 9, 105–127.

Siegel, D., Rasenko, T., Koch, M. und Nehls, I., 2009. Determination of the Alternaria mycotoxin tenuazonic acid in cereals by high-performance liquid chromatography-electrospray ionization ion-trap multistage mass spectrometry after derivatization with 2,4-dinitrophenylhydrazine. Journal of Chromatography A, 1216(21), 4582–4588.

Solfrizzo, M., De Girolamo, A., Vitti, C., Visconti, A. und van den Bulk, R., 2004. Liquid chromatographic determination of Alternaria toxins in carrots. Journal of AOAC International, 87, 101–106.

Steensma, A., Noteborn, H. und Kuiper, H. A., 2004. Comparison of Caco-2, IEC-18 and HCEC cell lines as a model for intestinal absorption of genistein, daidzein and their glycosides. Environmental Toxicology and Pharmacology, 16, 131–139.

Stout, J. T. und Caskey, C. T., 1985. HPRT: Gene structure, expression, and mutation. Annual Review of Genetics, 19, 127–148.

Szybalski, W., 1992. Use of the hprt gene and the HAT selection technique in DNA-mediated transformation of mammalian cells - First steps toward developing hybridoma techniques and gene-therapy. Bioessays, 14, 495–500.

Tiemann, U., Tomek, W., Schneider, F., Muller, M., Pohland, R. und Vanselow, J., 2009. The mycotoxins alternariol and alternariol methyl ether negatively affect progesterone synthesis in porcine granulosa cells in vitro. Toxicology Letters, 186, 139–145.

Vandenbranden, M., Wrighton, S. A., Ekins, S., Gillespie, J. S., Binkley, S. N., Ring, B. J., Gadberry, M. G., Mullins, D. C., Strom, S. C. und Jensen, C. B., 1998. Alterations of the catalytic activities of drug-metabolizing enzymes in cultures of human liver slices. Drug Metabolism and Disposition, 26, 1063–1068.

Vickers, A. E., Fischer, V., Connors, S., Fisher, R. L., Baldeck, J. P., Maurer, G. und Brendel, K., 1992. Cyclosporin A metabolism in human liver, kidney, and intestine slices. Comparison to rat and dog slices and human cell lines. Drug Metabolism and Disposition, 20, 802–809.

Vickers, A. E. und Fisher, R. L., 2004. Organ slices for the evaluation of human drug toxicity. Chemico-Biological Interactions, 150, 87–96.

Vrieling, H., Simons, J. W., Arwert, F., Natarajan, A. T. und van Zeeland, A. A., 1985. Mutations induced by X-rays at the HPRT locus in cultured Chinese hamster cells are mostly large deletions. Mutation Research, 144, 281–286.

Wang, J. C., 1996. DNA topoisomerases. Annual Review of Biochemistry, 65, 635–692.

Wang, X., Thomas, B., Sachdeva, R., Arterburn, L., Frye, L., Hatcher, P. G., Cornwell, D. G. und Ma, J., 2006. Mechanism of arylating quinone toxicity involving Michael adduct formation and induction of endoplasmic reticulum stress. Proceedings of the National Academy of Sciences of the United States of America, 103, 3604–3609.

Wilson, V. G., Grohmann, M. und Trendelenburg, U., 1988. The uptake and O-methylation of H-3-(+/-)-isoprenaline in rat cerebral cortex slices. Naunyn-Schmiedebergs Archives of Pharmacology, 337, 397–405.

Wollenhaupt, K., Schneider, F. und Tiemann, U., 2008. Influence of alternariol (AOH) on regulator proteins of cap-dependent translation in porcine endometrial cells. Toxicology Letters, 182(1), 57–62.

Wooster, R., Ebner, T., Sutherland, L., Clarke, D. und Burchell, B., 1993. Drug and xenobiotic glucuronidation catalysed by cloned human liver UDP-Glucuronosyltransferases stably expressed in tissue culture cell lines. Toxicology, 82(1), 119–129.

Yee, S., 1997. In vitro permeability across Caco-2 cells (colonic) can predict in vivo (small intestinal) absorption in man: Fact or myth? Pharmacological Research Communications, 14, 763–766.

Yekeler, H., Bitmis, K., Ozcelik, N., Doymaz, M. Z. und Calta, M., 2001. Analysis of toxic effects of Alternaria toxins on esophagus of mice by light and electron microscopy. Toxicologic Pathology, 29, 492–497.

Zahid, M., Saeed, M., Rogan, E. G. und Cavalieri, E. L., 2010. Benzene and dopamine catechol quinones could initiate cancer or neurogenic disease. Free Radical Biology and Medicine, 48, 318–324.

Zhang, L. P., Bandy, B. und Davison, A. J., 1996. Effects of metals, ligands and antioxidants on the reaction of oxygen with 1,2,4-benzenetriol. Free Radical Biology and Medicine, 20, 495–505.

Zhen, Y. Z., Xu, Y. M., Liu, G. T., Miao, J., Xing, Y. D., Zheng, Q. L., Ma, Y. F., Su, T., Wang, X. L., Ruan, L. R. und et al., 1991. Mutagenicity of Alternaria alternata and Penicillium cyclopium isolated from grains in an area of high incidence of oesophageal cancer: Linxian, China. IARC Science Publications, 253–257.

Literaturverzeichnis

A
Ergänzende Daten

A.1 ESI-Massenspektren

Oxidative Metaboliten und MP von AOH und AME

ESI-Massenspektren der monohydroxylierten Metaboliten von AOH und AME sowie der entsprechenden MP aus der LC-DAD-MS Analyse. Die Zahlen in Klammern entsprechen der relativen Intensität in %. Nur die Werte $\geq 10\%$ sind angegeben.

Metabolit		MS^2 von M-H (m/z 273)
2-HO-AOH		273 (100), 258 (10), 229 (19)
4-HO-AOH		273 (29), 258 (100), 229 (13)
8-HO-AOH		273 (100)
10-HO-AOH		273 (100), 258 (63), 245 (26), 229 (18), 217 (33), 201 (33)
		MS^3 von M-H (m/z 287>272)
2-HO-AOH	MP-1	271 (100), 257 (26), 244 (76), 243 (19), 200 (44)
	MP-2	272 (12), 271 (100), 257 (28), 244 (73), 243 (17), 200 (46)
4-HO-AOH	MP-1	271 (11), 257 (24), 244 (10), 243 (14), 216 (48), 188 (100)
	MP-2	257 (22), 244 (12), 243 (16), 216 (46), 188 (100)
8-HO-AOH	MP	272 (100), 244 (59)
10-HO-AOH	MP	272 (20), 257 (100)
2-HO-AME		272 (15), 271 (100), 257 (30) 244 (75), 243 (21), 200 (51)
4-HO-AME		257 (21), 243 (13), 216 (47), 188 (100)
8-HO-AME		272 (100), 244 (14)
10-HO-AME		272 (20), 257 (100)
		MS^3 von M-H (m/z 301>286)
HO-AME	MP	271 (100)

Anhang A. Ergänzende Daten

GSH-Addukte von 4-HO-AOH

ESI-Massenspektren der GSH-Addukte von 4-HO-AOH aus der LC-DAD-MS Analyse. Die Zahlen in Klammern entsprechen der relativen Intensität in %. Nur die Werte ≥ 10% sind angegeben.

Metabolit	MS^n von M-H (m/z)	m/z Fragmention
Monoaddukt,	MS^2 (578)	305 (100), 272 (43)
reduzierte Form	MS^3 (578>305)	305 (100), 271 (97), 261 (51)
Monoaddukt,	MS^2 (576)	531 (20), 303 (100), 291 (18), 272 (53)
oxidierte Form	MS^3 (576>303)	303 (29), 275 (100), 269 (29)
Diaddukt	MS^2 (883)	754 (19), 576 (100), 303 (11)
	MS^3 (883>576)	532 (11), 303 (100), 291 (14), 272 (40), 254 (40)

A.2 EI-Massenspektren

EI-Massenspektren der monohydroxylierten AOH-Metaboliten und der entsprechenden MP nach Trimethylsilylierung und GC-MS Analyse. Die Zahlen in Klammern entsprechen der relativen Intensität in %. Nur die Werte ≥ 10% sind angegeben.

Metabolit		MS^2 von M (m/z 547)
2-HO-AOH		548 (19), 547 (100), 476 (14), 475 (43), 460 (12), 459 (45), 387 (15)
4-HO-AOH		548 (11), 547 (100), 531 (8), 476 (13), 475 (41), 459 (30)
8-HO-AOH		547 (87), 532 (35), 517 (20), 460 (13), 459 (100), 387 (14)
10-HO-AOH		547 (40), 460 (12), 459 (100)
		MS^2 von M (m/z 489)
2-HO-AOH	MP-1	489 (21), 459 (100)
	MP-2	459 (100)
4-HO-AOH	MP-1	489 (16), 459 (100)
	MP-2	489 (14), 459 (100)
8-HO-AOH	MP	489 (17), 459 (100)
10-HO-AOH	MP	489 (20), 459 (100)

A.3 Mutagenität von AOH in V79h1A1 Zellen

Die verwendeten transgenen V79h1A1 Zellen exprimieren humanes CYP1A1, wobei das Gen hierfür durch stabile Transfektion in das Genom von V79 Zellen integriert wurde (Schmalix et al., 1993).

Anhand der Inkubation von V79h1A1 Zellen mit AOH sollte untersucht werden, ob die Mutagenität und die Zytotoxizität von AOH durch die Entstehung der oxidativen Metaboliten beeinflusst wird. Des Weiteren wurden vergleichende Experimente mit und ohne Coinkubation von AOH und Ro 14-0960 zur Inhibierung der COMT durchgeführt. Die Unterdrückung der Methylierung der Catechole sollte dabei aufzeigen, ob die Catechole hinsichtlich der Zytotoxizität und der Mutagenität ein höheres Potential aufweisen als die methylierten Metaboliten.

Überprüfung der CYP-Aktivität

Die Überprüfung der CYP1A1-Aktivität der Zellen erfolgte regelmäßig durch den Nachweis der oxidativen Metaboliten und der entsprechenden MP im Kulturmedium nach der Inkubation mit AOH. Dieses wurde dabei erwartungsgemäß an C-2 und C-4 hydroxyliert, wobei die Bildung von 2-HO-AOH bevorzugt war (Abb. A.1, links). Beide Metaboliten konnten nach 24-stündiger Inkubation jedoch nicht direkt, sondern in Form der MP detektiert werden. Dies spricht dafür, dass beide Catechole gute Substrate der COMT darstellen.

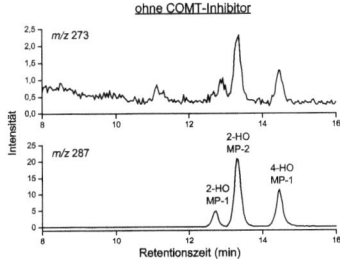 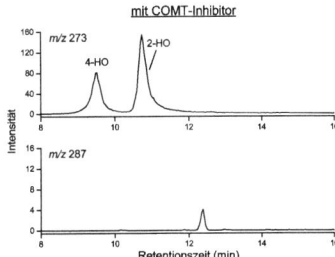

Abb. A.1: LC-MS Profile der Metaboliten im Kulturmedium nach 24-stündiger Inkubation von V79h1A1 Zellen mit AOH alleine (links) bzw. nach Coinkubation mit 10 µM Ro 41-0960 (rechts). Dargestellt sind die Massenspuren m/z 273 (AOH-Catechole) und m/z 287 (MP der AOH-Catechole).

Anhang A. Ergänzende Daten

Durch Coinkubation mit dem COMT-Inhibitor Ro 41-0960 und die daraus resultierende Unterdrückung der Methylierung konnten auch nach 24-stündiger Inkubation beide AOH-Catechole im Kulturmedium nachgewiesen werden (Abb. A.1, rechts). Erwartungsgemäß waren gleichzeitig keine Methylierungsprodukte detektierbar.

Positivkontrolle BP

Die spontane MF der V79h1A1 Zellen war mit 4±3 Mutanten pro 10^6 Zellen deutlich niedriger als als die der eingesetzten V79 Zellen (21±11). Somit schied ein direkter Vergleich zwischen beiden Zelllinien von vornherein aus. Dennoch wurde die Mutagenität von AOH in V79h1A1 Zellen mit und ohne Inhibierung der COMT bestimmt.

Als Positivkontrolle für die durchgeführten Versuche diente BP, welches in V79 Zellen ohne metabolische Aktivierung auch in hohen Konzentrationen nicht mutagen ist (Schmalix et al., 1993). Dies konnte in Vorversuchen mit bis zu 50 µM BP bestätigt werden. Die mutagene Wirkung von BP beruht auf der CYP1A1-vermittelten metabolischen Aktivierung zu BP-7,8-dihydrodiol-9,10-epoxid (Schmalix et al., 1993).

BP war dabei zytotoxisch, die Lebendzellzahl und die PE wurden jedoch nur auf etwa 50% der Kontrolle gesenkt. Für die weiteren HPRT-Tests wurde 0,4 µM BP als Positivkontrolle mitgeführt, da die MF bei dieser Konzentration mit etwa 100 Mutanten pro 10^6 Zellen in einem praktikablen Bereich lag und die akute Zytotoxizität zudem nur schwach ausgeprägt war (Tab. A.1).

Erwartungsgemäß resultierte die 24-stündige Inkubation von V79h1A1 Zellen mit BP in einem starken Anstieg der MF. Beispielsweise konnte bei der Inkubation mit 4 µM BP eine Erhöhung der MF um das 100-fache beobachtet werden (Tab. A.1).

Tab. A.1: Lebendzellzahl an Tag 3, Koloniebildungsfähigkeiten (PE1 und PE2) und MF nach der Inkubation von V79h1A1 Zellen mit Lösungsmittel alleine (0, 5% DMSO) bzw. 0, 4-10 µM BP. Dargestellt sind die Mittelwerte eines Versuchs in Dreifachbestimmung.

BP (µM)	0	0,4	1	4	10
Zellzahl an Tag 3 ($\cdot 10^6$)	18,7	10,7	11,4	7,7	8,8
PE1 (% der Kontrolle)	100	99,9	87,5	57,9	53,1
PE2 (% der Kontrolle)	100	89,7	91,8	90,0	84,8
MF	4,4	94,5	308,7	407,4	398,2

Zytotxizität und Einfluss von AOH auf den Zellzyklus

Zur Bestimmung des zytotoxischen und mutagenen Potentials von AOH in V79h1A1 Zellen wurden diese mit 2-20 µM AOH alleine oder in Anwesenheit von 10 µM Ro 41-0960 für 24 h inkubiert. Wie bereits in Kapitel 3.4 beschrieben, wurden die Zellzahl und die Kolonienbildungsfähigkeit (PE1) unmittelbar nach der Inkubation sowie die MF und die PE2 nach zweimaliger Subkultivierung bestimmt.

In Abb. A.2 sind die Lebendzellzahl an Tag 3 (Säulen) sowie die PE1 (Symbole) der Inkubationen von V79h1A1 Zellen mit Lösungsmittel (0,6% DMSO) oder AOH alleine (oben) bzw. in Anwesenheit des COMT-Inhibitors (unten) dargestellt.

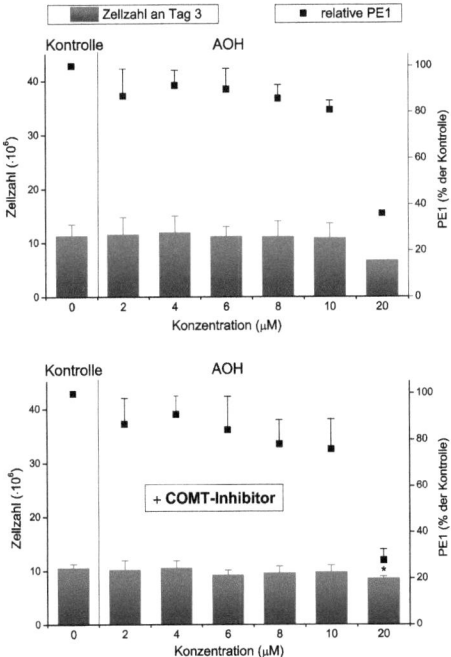

Abb. A.2: Absolute Zellzahl (Säulen) und Kolonienbildungsfähigkeit (PE1, Symbole) unmittelbar nach 24-stündiger Inkubation von V79h1A1 Zellen mit Lösungsmittel alleine (0,6% DMSO) oder mit AOH. Die Versuche wurden zusätzlich in Anwesenheit von 10 µM Ro 41-0960 zur Inhibierung der COMT durchgeführt (unten). Dargestellt sind die Mittelwerte und SA aus je drei unabhängigen Experimenten bzw. die Werte eines Versuchs für 20 µM AOH ohne COMT-Inhibitor. Signifikante Unterschiede zur Kontrolle wurden für die Zellzahlen mittels t-Test berechnet; * $p < 0,05$.

Anhang A. Ergänzende Daten

Mit Ausnahme der höchsten Konzentration konnte keine signifikante Erniedrigung der Zellzahl beobachtet werden. Die Kolonienbildungsfähigkeit jedoch wurde konzentrationsabhängig herabgesetzt, wobei der Effekt weniger stark ausgeprägt war als in V79 Mutterzellen (vgl. Abb. A.2 und Abb. 3.15). Die Inhibierung der COMT hatte dabei keinen Einfluss auf die Zytotoxizität von AOH (Abb. A.2).

Die Zellzyklusverteilung der nur mit DMSO inkubierten Zellen war für beide Zelllinien vergleichbar. In V79h1A1 Zellen konnte analog zu V79 Zellen unmittelbar nach der Inkubation mit AOH die Induktion eines G_2/M-Arrests beobachtet werden, welcher bis 10 µM jedoch schwach ausgeprägt und in beiden Zelllinien vergleichbar war (vgl. Abb. 3.17).

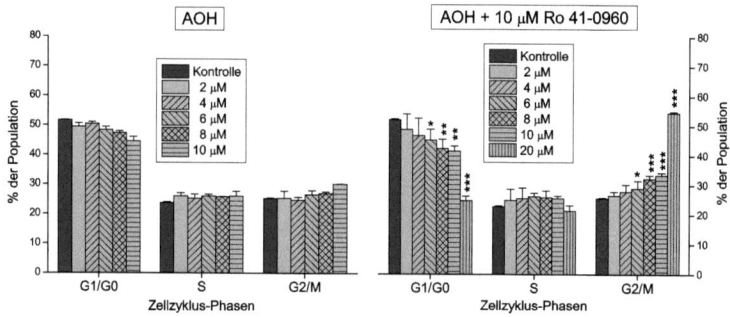

Abb. A.3: Zellzyklusverteilung nach der Inkubation von V79h1A1 Zellen mit Lösungsmittel alleine (0,6% DMSO) oder AOH ohne und mit COMT-Inhibierung durch Coinkubation mit 10 µM Ro41-0960. Dargestellt sind die Mittelwerte ± halbe Schwankungsbreiten aus je zwei (ohne COMT-Inhibitor) bzw. die Mittelwerte ± SA aus je drei (mit Inhibitor) unabhängigen Experimenten. n.b., nicht bestimmt. Signifikante Unterschiede zur Lösungsmittelkontrolle wurden für die Versuche mit COMT-Inhibitor mittels t-Test berechnet; * $p < 0,05$, ** $p < 0,01$, *** $p < 0,001$.

Der prozentuale Anteil der Population in der G_1/G_0-Phase wurde durch Inkubation mit 10 µM AOH von 51,7% auf 44,5% reduziert. Diese Herabsetzung war vergleichbar zu V79 Zellen. Auch in V79h1A1 Zellen ohne und mit Coinkubation des COMT-Inhibitors konnte kein Unterschied festgestellt werden (Abb. A.3).

Mutagenität

Die Inkubation von V79h1A1 Zellen mit AOH führte zu einer konzentrationsabhängigen Erhöhung der MF, die analog zu V79 Zellen erst ab 10 µM AOH signifikant war (Abb. A.4, oben). Die Absolutwerte waren dabei wie erwartet deutlich niedriger als in den V79 Zellen (vgl. Abb. 3.18).

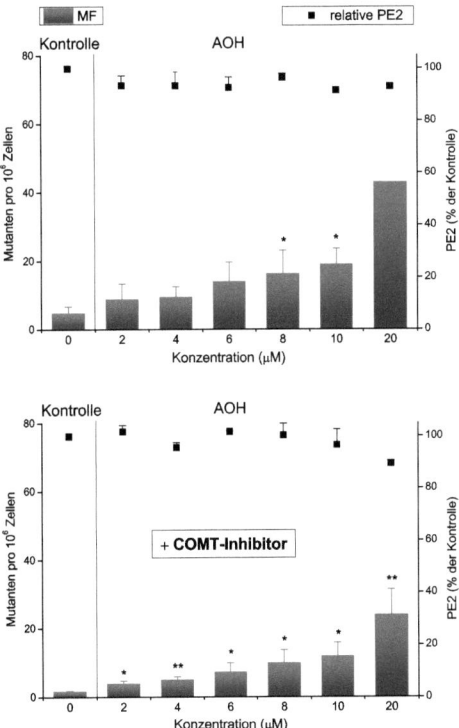

Abb. A.4: Mutantenfrequenz (MF, Säulen) und Kolonienbildungsfähigkeit (PE2, Symbole) zum Zeitpunkt der Selektion nach 24-stündiger Inkubation von V79h1A1 Zellen mit Lösungsmittel alleine (0,6% DMSO) oder mit AOH. Die Versuche wurden zusätzlich in Anwesenheit von 10 µM Ro 41-0960 zur Inhibierung der COMT durchgeführt (unten). Dargestellt sind die Mittelwerte und SA aus je drei unabhängigen Experimenten bzw. die Werte eines Versuchs mit 20 µM AOH ohne COMT-Inhibitor. Signifikante Unterschiede zur Kontrolle wurden für die MF mittels t-Test berechnet; * $p < 0,05$, ** $p < 0,01$.

Anhang A. Ergänzende Daten

Nach der Coinkubation mit Ro 41-0960 zeigte sich ebenfalls eine konzentrationsabhängige Induktion von Mutationen (Abb. A.4, unten). Die Absolutwerte waren überraschenderweise im Vergleich zur Inkubation ohne COMT-Inhibitor nochmals deutlich geringer. Da dies auch für die Kontrolle mit 10 µM Ro 41-0960 aber ohne AOH beobachtet werden konnte, ist davon auszugehen, dass die Anwesenheit des COMT-Inhibitors einen Einfluss auf die Entstehung von Mutationen am *hprt*-Genlokus bzw. auf deren Fixierung im Genom hat.

Die Erhöhung der MF war bei Coinkubation mit Ro 41-0960 bereits ab 2 µM AOH signifikant, die Absolutwerte waren dabei jedoch ausgesprochen gering (Abb. A.4, unten). Aus diesem Grund ist nicht davon auszugehen, dass bei der Unterdrückung der Methylierung tatsächlich eine erhöhtes mutagenes Potential besteht.

Zusammenfassend ist zu sagen, dass das System der transgenen V79 Zellen zwar generell geeignet ist, die Mutagenität einer Substanz nach metabolischer Aktivierung zu untersuchen. Dies konnte zweifelsfrei für BP gezeigt werden, welches in V79 Zellen nicht mutagen war, in Anwesenheit von CYP1A1 jedoch ein ausgeprägtes mutagenes Potential aufwies. Schwieriger ist es jedoch, den Einfluss des oxidativen Metabolismus einer mutagenen Substanz herauszuarbeiten. Der Umsatz zu den hydroxylierten Metaboliten ist für AOH in V79h1A1 Zellen gering, sodass vermutlich weder ein stärkeres noch ein schwächeres mutagenes Potential im Vergleich zur Muttersubstanz ins Gewicht fallen würde. BP ist in dieser Hinsicht ein Sonderfall, da es per se nicht mutagen ist, der durch CYP1A1 gebildete Metabolit BP-7,8-dihydrodiol-9,10-epoxid hingegen ein sehr potentes Mutagen darstellt.

Der Einsatz des COMT-Inhibitors zur Unterdrückung der Methylierung war nicht zytotoxisch für die Zellen. Jedoch resultierten in Anwesenheit von Ro 41-0960 bei gleichen AOH-Konzentrationen deutlich geringere Werte der MF. Aus diesem Grund ist der direkte Vergleich der Tests ohne und mit COMT-Inhibierung schwierig. Basierend auf dieser Datenlage kann keine Aussage über den Einfluss des oxidativen Metabolismus auf das mutagene Potential von AOH gemacht werden. Der HPRT-Test auch in Kombination mit der Verwendung des COMT-Inhibitors haben sich diesbezüglich als ungeeignet erwiesen.

A.4 Externe Kalibrierungen

Parameter zu den Kalibrierungen der LC-DAD-MS Analyse der Metaboliten in Leberschnitten und in Caco-2 Zellen sowie der Quantifizierung von AOH in Rattengalle mittels HPLC und Fluoreszenzdetektion. Die lineare Regression erfolgte mit Hilfe der OriginPro 8 Software (OriginLab, Northampton, MA, USA). A, Peakfläche von AOH; n, Stoffmenge (pmol); B, Peakflächenverhältnis von AOH:AME.

Detektionsart	Substanz	**Kalibrierbereich**	Geradengleichung	R^2
UV-Absorption	AOH	25-250 pmol	$A = 4{,}53 \cdot 10^6 n + 11452$	$0{,}9987$
	AME	25-250 pmol	$A = 5{,}23 \cdot 10^6 n + 18576$	$0{,}9955$
Fluoreszenz	AOH	10-50 pmol	$B = 0{,}029 n + 0{,}052$	$0{,}9993$

A.5 MS-Geräteparameter

Auflistung der Parameter der Tune Files der für die einzelnen Themenkomplexe verwendeten MS-Methoden.

		Gewebeschnitte	Caco-2	GSH-Addukte
N_2 Flow Rate	Sheath (l/min)	40	30	40
	Auxiliary (l/min)	10	15	10
	Sweep (l/min)	$0{,}02$	$-0{,}02$	0
Spray	Voltage (kV)	$5{,}5$	$4{,}5$	$5{,}5$
	Current (μA)	$0{,}05$	$3{,}15$	$0{,}05$
Capillary	Voltage (V)	-1	-45	-3
	Temperature (°C)	300	350	300
Tube Lens	Voltage (V)	$69{,}9$	$125{,}6$	$-75{,}7$

Anhang A. Ergänzende Daten

B
Publikationsliste

Publikationen in Fachzeitschriften

Burkhardt, B., Wittenauer, J., Pfeiffer, E., Schauer, U. M., Metzler, M., 2011. Oxidative metabolism of the mycotoxins alternariol and alternariol-9-methyl ether in precision-cut rat liver slices *in vitro*. Molecular Nutrition and Food Research 55, 1077-1086.

Schreck, I., Deigendesch, U., Burkhardt, B., Marko, D., Weiss, C., 2011. The *Alternaria* mycotoxins alternariol and alternariol methyl ether induce cytochrome P450 1A1 and apoptosis in murine hepatoma cells dependent on the aryl hydrocarbon receptor. Archives of Toxicology (DOI 10.1007/s00204-011-0781-3).

Burkhardt, B., Jung, S.A., Weiss, C., Metzler, M. 2011. Mouse hepatoma cell lines differing in aryl hydrocarbon receptor-mediated signaling have different activities for glucuronidation. Archives of Toxicology (DOI: 10.1007/s00204-011-0789-8).

Burkhardt, B., Pfeiffer, E., Metzler, M., 2009. Absorption and metabolism of the mycotoxins alternariol and alternariol-9-methyl ether in Caco-2 cells *in vitro*. Mycotoxin Research 25, 149-157.

Pfeiffer, E., Schmit, C., Burkhardt, B., Altemöller, M., Podlech, J., Metzler, M., 2009. Glucuronidation of the mycotoxins alternariol and alternariol-9-methyl ether in vitro: Chemical structures of glucuronides and activities of human UDP-glucuronosyl-transferase isoforms. Mycotoxin Research 25, 3-10.

Pfeiffer, E., Burkhardt, B., Altemöller, M., Podlech, J., Metzler, M., 2008. Activities of human recombinant cytochrome P450 isoforms and human hepatic microsomes for the hydroxylation of *Alternaria* toxins. Mycotoxin Research 24, 117-123.

Anhang B. Publikationsliste

Beiträge auf Kongressen und Fachtagungen

Burkhardt, B., Wittenauer J., Pfeiffer, E., Metzler, M. Oxidative metabolism of the mycotoxin alternariol in precision-cut rat liver slices. Gordon Research Seminar on Discovery and Risk Assessment of Harmful Biotoxins, 11.-12.06.2011 in Waterville, Maine, USA.

Burkhardt, B., Payandeh, S., Jung, S. A., Dempe, J. S., Pfeiffer, E., Metzler, M. Genotoxicity of 4-hydroxy-alternariol, a mammalian metabolite of the mycotoxin alternariol. Gordon Research Conference on Mycotoxins and Phycotoxins, 12.-17.06.2011 in Waterville, Maine, USA.

Burkhardt, B., Schäfer J., Pfeiffer, E., Metzler, M. Formation of glutathione adducts by 4-hydroxy-alternariol, a mammalian metabolite of alternariol. 33. Mycotoxin Workshop, 30.05.-1.06.2011 in Freising.

Burkhardt, B., Payandeh, S., Jung, S., Dempe, J., Pfeiffer, E., Metzler, M. Genotoxicity of 4-hydroxy-alternariol, a mammalian metabolite of the mycotoxin alternariol. 77. Jahrestagung der Deutschen Gesellschaft für experimentelle und klinische Pharmakologie und Toxikologie (DGPT), 30.03.-1.04.2011 in Frankfurt am Main, Abstract: Naunyn-Schmiedebergs Archives of Pharmacology 383, 93.

Burkhardt, B., Seremet, F. B., Dempe, J. S., Payandeh, S., Pfeiffer, E., Metzler, M. Mutagenität und Zytotoxizität von *Alternaria*-Mykotoxinen in kultivierten V79 Zellen des Chinesischen Hamsters. Deutscher Lebensmittelchemikertag, 20.-22.09.2010 in Stuttgart-Hohenheim.

Burkhardt, B., Seremet, F. B., Dempe, J. S., Payandeh, S., Pfeiffer, E., Metzler, M. Mutagenicity and cytotoxicity of *Alternaria* toxins in cultured Chinese hamster V79 cells. 32. Mycotoxin Workshop, 14.-16.06.2010 in Kopenhagen, Dänemark.

Burkhardt, B., Seremet, F. B., Pfeiffer, E., Metzler, M. Mutagenicity and cytotoxicity of the mycotoxins alternariol and alternariol methyl ether in cultured Chinese hamster V79 cells. 51. Frühjahrstagung der DGPT, 23.-25.03.2010 in Mainz, Abstract: Naunyn-Schmiedebergs Archives of Pharmacology 381, 74.

Burkhardt, B., Wittenauer J., Pfeiffer, E., Metzler, M. Metabolism of alternariol in precision-cut rat liver slices. 31. Mycotoxin Workshop, 15.-17.06.2009 in Münster.

Burkhardt, B., Wittenauer J., Pfeiffer, E., Metzler, M. Metabolism of the mycotoxins alternariol and alternariol-9-methyl ether in precision-cut rat liver slices. Kurzvortrag am Toxnet BW Meeting, 8.10.2009 in Ulm.

Burkhardt, B., Pfeiffer, E., Metzler, M. Absorption and metabolism of alternariol and alternariol methyl ether in the Caco-2 Millicell system. 50. Frühjahrstagung der DGPT, 10.-12.03.2009 in Mainz, Abstract: Naunyn-Schmiedebergs Archives of Pharmacology 379, 89.

Burkhardt, B., Pfeiffer, E., Podlech, J., Metzler, M. Oxidation of alternariol and alternariol 9-methyl ether by human recombinant cytochrome P450 enzymes. 30. Mycotoxin Workshop, 28.-30.04.2008 in Utrecht, Niederlande.

Burkhardt, B., Pfeiffer, E., Metzler, M. Metabolismus von Alternariol und Alternariolmonomethylether in Präzisionsgewebeschnitten der Rattenleber. Deutscher Lebensmittelchemikertag, 8.-10.09.2008 in Kaiserslautern.

Pfeiffer, E., Burkhardt, B., Metzler, M. Oxidative metabolism of the mycotoxin alternariol in precision-cut rat liver slices. 29. Jahrestagung des American College of Toxicology, 9.-12.11.2008, Abstract: International Journal of Toxicology 28, 59.

Ich danke...

- Herrn Prof. Dr. Dr. M. Metzler für die Überlassung des interessanten Themas, sein stets offenes Ohr und seine wohlwollende Unterstützung während der gesamten Dauer meiner Arbeit.
- Erika Pfeiffer für ihre wertvollen Ratschläge bei Fragen und Problemen aller Art, für das angenehme Arbeitsklima und die vielen guten Gespräche.
- Georg Damm, Julia Dempe, Stefanie Fleck, Silke Gerstner, Szidónia Gumbel-Mako, Andreas Hildebrand und Verena Horn für die gute Zusammenarbeit sowie die schönen Stunden im Labor, im Büro und in der Küche.
- Sima Payandeh, Judith Schäfer, Frano Seremet und Judith Wittenauer für die zuverlässige und engagierte Mitarbeit im Rahmen ihrer Diplomarbeiten.
- Doris Honig für ihre Unterstützung bei technischen Problemen und die Einweisung in die GC-MS. Iris Mackiw und Anke Pelzer für ihre Hilfe in der Zellkultur.
- Dr. Ute Schauer (Universität Würzburg) für die Durchführung des Tierversuchs.
- Julia Dempe für Rat und Tat in Sachen Zellkultur und für ihre Hilfe bei der Durchführung der HPRT-Tests.
- Andreas Hildebrand für sein handwerkliches Geschick und die Büro-Verpflegung.
- Verena Horn für die schöne Zeit am Institut, die Teeproben und ganz besonders für die Durchsicht meines Manuskripts.
- Dem KIT für die finanzielle Unterstützung im Rahmen eines Promotionsstipendiums sowie für die Finanzierung meiner Teilnahme an der Gordon Conference on Mycotoxins and Phycotoxins.

Besonderer Dank gilt...

- Meinen Eltern für den Zuspruch und jegliche Art von Unterstützung während meines Studiums und dieser Arbeit.
- Florian und Jens für die Hilfestellungen in Computerfragen.
- Svenja für den moralischen Beistand auch in schwierigen Phasen, die unzähligen Stammtische und für das Korrekturlesen dieser Arbeit.

i want morebooks!

Buy your books fast and straightforward online - at one of world's fastest growing online book stores! Environmentally sound due to Print-on-Demand technologies.

Buy your books online at
www.get-morebooks.com

Kaufen Sie Ihre Bücher schnell und unkompliziert online – auf einer der am schnellsten wachsenden Buchhandelsplattformen weltweit! Dank Print-On-Demand umwelt- und ressourcenschonend produziert.

Bücher schneller online kaufen
www.morebooks.de

VDM Verlagsservicegesellschaft mbH
Heinrich-Böcking-Str. 6-8
D - 66121 Saarbrücken

Telefon: +49 681 3720 174
Telefax: +49 681 3720 1749

info@vdm-vsg.de
www.vdm-vsg.de

Printed by Books on Demand GmbH, Norderstedt / Germany